Sayantan Singha Roy

Técnica CBAR paralela na estrutura Hadoop-MapReduce

Sayantan Singha Roy

Técnica CBAR paralela na estrutura Hadoop-MapReduce

ScienciaScripts

Imprint

Cover image: www.ingimage.com

This book is a translation from the original published under ISBN 978-3-659-91275-7.

Publisher:
Sciencia Scripts
is a trademark of
Dodo Books Indian Ocean Ltd. and OmniScriptum S.R.L publishing group

120 High Road, East Finchley, London, N2 9ED, United Kingdom
Str. Armeneasca 28/1, office 1, Chisinau MD-2012, Republic of Moldova, Europe
Printed at: see last page
ISBN: 978-620-8-36321-5

RESUMO

O agrupamento é uma técnica que consiste em agrupar um conjunto de dados em várias unidades (ou seja, clusters) com base nalgumas caraterísticas ou atributos comuns dos dados. O agrupamento de dados ajuda, em geral, a procurar dados de forma eficiente. Este pré-processamento de dados em vários agrupamentos é uma abordagem aceite para melhorar a atividade relacionada com a pesquisa, como a extração de dados. A extração de dados desempenha um papel importante no domínio da análise empresarial. A extração de dados ajuda-nos a encontrar informações a partir de um conjunto de dados pré-existente, identificando relações entre registos. A extração de regras de associação é um processo que permite encontrar relações entre variáveis de diferentes registos. O volume de dados aumenta de dia para dia. Lidar com terabytes de dados num cenário de computação normal não só consome tempo como também é difícil. No ambiente Hadoop, o MapReduce é uma estrutura de processamento paralelo que fornece a arquitetura para processar Bigdata em paralelo. As técnicas clássicas de agrupamento enfrentam problemas para processar este tipo de enorme conjunto de dados descentralizados. A fim de processar o enorme volume de dados e melhorar a eficiência, a paralelização do processo de agrupamento é uma abordagem eficaz. A plataforma Hadoop MapReduce proporciona um ambiente capaz de processar grandes volumes de dados descentralizados de forma paralela. No entanto, é um desafio manipular o problema de modo a que se possa encaixar na estrutura MapReduce e que diferentes nós do Hadoop possam ser utilizados em paralelo. No Hadoop MapReduce, os utilizadores definem a função map and reduce e a arquitetura de tempo de execução distribui automaticamente a tarefa, toma conta das falhas das máquinas, trata da comunicação entre os diferentes nós e equilibra a carga entre os diferentes nós. Este estudo incorpora a extração de regras de associação baseadas em clusters (CBAR) na plataforma Hadoop MapReduce, paralelizando a geração de tabelas de clusters e aplicando também regras de associação de forma paralela, a fim de aumentar o desempenho até certo ponto. A análise do desempenho do algoritmo MapReduce mostra uma diminuição do crescimento do tempo de execução no caso de um maior número de máquinas ligadas entre si.

Índice

Lista de abreviaturas

- ANN = Artificial Neural Network
- CBAR = Cluster Based Association Rule
- CRM = Customer Relationship Management
- HDFS = Hadoop Distributed File System
- SOM = Self Organizing Map
- SVM = Support Vector Machine

Capítulo 1: Introdução

1.1. Visão geral:

Atualmente, vivemos no mundo dos dados. Segundo a IBM, 90% dos dados do mundo foram gerados apenas nos últimos dois anos (ou seja, 2012 e 2013) [1]. Assim, o volume de dados tornou-se tão grande que é difícil de tratar pelas aplicações tradicionais de processamento de dados. Os gigantes das TI de todo o mundo possuem uma quantidade muito grande de dados comerciais. Neste cenário, a análise empresarial entra em ação e as estratégias empresariais baseadas na intuição transformam-se em estratégias empresariais baseadas em dados. Foram inventados novos softwares e técnicas poderosos, como o hadoop e o MapReduce, para processar este tipo de conjuntos de dados grandes e complexos. A tomada de decisões é agora apoiada por factos e dados quantitativos.

Nos últimos anos, as empresas estão a passar dos produtos para os clientes e estes são parte integrante de qualquer negócio. Atualmente, as empresas têm um departamento separado para a gestão das relações com os clientes (CRM). A principal função do CRM é identificar os potenciais clientes que gastam muito dinheiro. A identificação prévia dos atributos dos clientes com despesas elevadas ajuda a criar estratégias de marketing e de vendas. O agrupamento e a extração de dados ajudam a identificar estes clientes com elevado consumo.

O agrupamento de dados em geral ajuda a procurar elementos de dados de forma eficiente. Este pré-processamento de grandes volumes de dados em vários agrupamentos é uma forma aceite de melhorar as actividades relacionadas com a pesquisa e tem sido utilizado em várias aplicações [2][3][4] há já algum tempo. O agrupamento é uma ferramenta que também ajuda na extração de dados, actuando como uma ferramenta para obter informações sobre a organização dos dados. A extração de dados e o agrupamento tornam-se um desafio devido ao elevado volume de dados de entrada. Para analisar este tipo de dados enormes e descentralizados, os engenheiros precisam de processar estes dados de forma distribuída, o que pode ser conseguido através de algoritmos paralelos que podem lidar com grandes volumes de dados de forma muito eficiente.

Lidar com terabytes de dados num cenário de computação normal não só consome tempo como também é difícil. O processamento paralelo em ambiente de nuvem é uma solução possível para lidar com um volume tão elevado de dados. O MapReduce é um quadro de processamento paralelo que fornece a arquitetura para processar grandes volumes de dados em paralelo. Quando o volume de dados é muito grande, o agrupamento torna-se muito moroso. Assim, o MapReduce fornece a tecnologia que permite tratar esta grande quantidade de dados para o agrupamento através de um processamento paralelo.

1.2. Esboço da tese:

O resto da dissertação está organizado da seguinte forma. O capítulo 2 ilustra a descrição e os tipos de alguns domínios que são necessários para este trabalho, algoritmos clássicos e técnicas de extração de dados e análise de clusters. O capítulo 3 descreve passo a passo o procedimento de instalação do hadoop. O Capítulo 4 apresenta a pesquisa bibliográfica de alguns artigos que são utilizados neste trabalho. O capítulo 5 ilustra a definição do problema que é abordado nesta dissertação. No capítulo 6 é proposta uma solução para o problema. O capítulo 7 descreve o resultado e a análise da solução proposta. Finalmente, esta dissertação é concluída no capítulo 8.

Capítulo 2: Estudo de fundo

2.1 Análise de negócios:

A análise consiste em encontrar padrões significativos a partir de um conjunto de dados. Dá-nos um cenário do que se está a passar em particular. Nos dias de hoje, a análise é utilizada em dados comerciais. As empresas aplicam a análise para quantificar e prever o desempenho das suas actividades [5]. A análise empresarial é definida como "as competências, tecnologias e práticas para a exploração e investigação iterativas contínuas do desempenho empresarial passado, a fim de obter informações e orientar o planeamento empresarial" [6].

Todas as indústrias recrutam pessoas experientes para cargos de direção devido à sua experiência e às suas capacidades de tomada de decisão testadas pelo tempo. Trata-se de um processo de tomada de decisões baseado na intuição. Mas, à luz da análise de negócios, este processo transforma-se numa tomada de decisão baseada em dados. A análise de negócios é uma combinação de algumas tecnologias e técnicas, ou seja, extração de dados, modelação preditiva e análise estatística. A análise de negócios dá respostas a algumas questões, tais como: porque é que isto aconteceu, o que acontecerá se esta tendência se mantiver, o que é que pode acontecer de melhor num determinado contexto de negócios [7].

2.1.1 Extração de dados:

A extração de dados é uma área de estudo que permite extrair informações de uma base de dados pré-existente. Trata-se de transformar dados brutos em informações úteis. O objetivo da extração de dados é encontrar padrões e informações estruturadas a partir de grandes conjuntos de dados [8]. A extração de dados é um subconjunto da análise empresarial. Se aplicarmos técnicas de extração de dados a dados comerciais, também designados por armazém de dados, as empresas podem conhecer os seus potenciais clientes e as suas estratégias de vendas e de marketing.

A extração de dados tem duas categorias, ou seja, dirigida e não dirigida [9] [10]. A extração de dados dirigida tenta categorizar os dados numa secção ou campo específico. A extração de dados não dirigida tenta encontrar padrões e semelhanças nos dados sem o conhecimento de classes predefinidas ou de um domínio específico.

A extração de dados utiliza muitas técnicas, como a árvore de decisão, a deteção automática de clusters, as redes neurais artificiais e o algoritmo genético.

De acordo com a definição, o principal objetivo da análise empresarial é a "investigação do desempenho empresarial passado para obter informações". A extração de dados ajuda a obter informações sobre as empresas, explorando padrões e semelhanças de dados comerciais anteriores. A extração de dados é parte inseparável da análise de negócios. Basicamente, a análise de negócios evolui a partir da extração de dados, associando algumas outras tecnologias que estão também estreitamente relacionadas com a extração de dados.

2.1.2 Business Intelligence:

O Business Intelligence é um conjunto de ferramentas, metodologias, arquitecturas e tecnologias que tratam um grande conjunto de dados estruturados e não estruturados para identificar e desenvolver novas oportunidades de negócio [11]. Os principais objectivos do Business Intelligence são a fácil interpretação de grandes volumes de dados comerciais, a identificação de novas oportunidades e a aplicação de uma estratégia eficaz baseada em conhecimentos que podem proporcionar às empresas uma vantagem competitiva no mercado e estabilidade a longo prazo [12].

O Business Intelligence consiste na elaboração de relatórios, na monitorização automatizada, no processamento analítico em linha, na gestão do desempenho empresarial, na análise de folhas de cálculo, no painel de controlo e na consulta ad hoc.

Há alguns factores que uma organização deve considerar antes de implementar a inteligência empresarial. Os factores são: o nível de empenho e patrocínio da gestão de topo, a necessidade comercial de criar uma implementação de business intelligence, a quantidade e a qualidade dos dados comerciais disponíveis [13].

A relação entre business intelligence e análise de negócios é contrastante em muitos sítios. Afirma-se que o business intelligence consiste em encontrar informações a partir de dados empresariais através de perguntas, relatórios e processos analíticos em linha. Por outro lado, a análise empresarial utiliza ferramentas estatísticas e quantitativas para a tomada de decisões e a modelação preditiva.

Outra definição indica que a análise empresarial é um subconjunto da inteligência empresarial que se centra nas estatísticas, na previsão e na otimização, mais do que na funcionalidade de elaboração de relatórios [14].

A inteligência empresarial dá respostas a algumas questões, como o que acontece, quantos, onde, quem, onde está exatamente o problema. Por outro lado, a análise de negócios dá respostas a algumas questões, tais como: porque é que isto aconteceu, será que vai voltar a acontecer, o que é que vai acontecer se esta tendência continuar [15].

2.1.3 Modelação Preditiva:

A modelação preditiva consiste em criar ou escolher um modelo que possa tentar prever da melhor forma a probabilidade de um resultado [16]. É um conjunto de técnicas matemáticas com o mesmo objetivo de encontrar uma relação matemática entre o alvo, as variáveis de resposta e os preditores para prever o valor futuro da variável alvo [17].

O modelo é criado com recurso a uma série de factores de previsão, que são os factores susceptíveis de influenciar o resultado de um evento. É utilizado no sistema de deteção, por exemplo, o modelo preditivo é utilizado para verificar se um determinado pedido tem ou não conteúdo de spam.

Existem principalmente três passos para criar modelos preditivos, ou seja, seleção de caraterísticas, normalização de dados e modelação preditiva [18]. No primeiro passo, temos de escolher os atributos corretos que serão utilizados na modelação. No segundo passo, temos de normalizar os dados para garantir que cada atributo maximiza a sua contribuição para o modelo. No último passo, criamos o modelo que irá prever um determinado cenário.

2.2 Análise de clusters:

2.2.1 Visão geral:

A análise de clusters ou clustering é uma tarefa que consiste em agrupar alguns elementos de dados, objectos, elementos de dados que têm propriedades ou atributos semelhantes. Estes grupos que contêm tipos de elementos semelhantes são designados por clusters. O principal objetivo do agrupamento é reduzir a distância entre os elementos que residem no mesmo agrupamento e maximizar a distância entre dois agrupamentos separados.

O agrupamento ajuda-nos a identificar a densidade dos dados a partir dos quais podemos identificar um padrão. Isto ajuda nas tarefas de extração de dados [2]. Nem todos os conjuntos de dados podem ser agrupados utilizando um algoritmo específico. Por isso, existem muitos algoritmos de agrupamento ou modelos de agrupamento disponíveis. Cada modelo pode tratar apenas de tipos de problemas semelhantes. Existem principalmente 7 tipos de agrupamento [19]. Os agrupamentos são: Hierárquico, particional, Exclusivo, sobreposição, fuzzy, completo e parcial. O agrupamento hierárquico contém subagrupamentos. Os subagrupamentos são aninhados numa estrutura semelhante a uma árvore. Cada nó da árvore é a união dos seus filhos. Neste tipo de agrupamento, um objeto que resida num agrupamento filho também pertence ao agrupamento pai. No caso do agrupamento particional, um objeto pertence exatamente a um agrupamento. Dois ou mais clusters não podem ter o mesmo objeto de dados. No caso do agrupamento exclusivo, cada objeto pertence exatamente a um agrupamento. É também designado por agrupamento rígido. Ou um objeto pertence exatamente a um cluster ou não pertencerá a nenhum cluster. O agrupamento por sobreposição é utilizado para refletir que um objeto pode pertencer a mais do que um grupo ou agrupamento. É também designado por agrupamento de múltiplas vistas. No caso do agrupamento difuso, um objeto pode pertencer a um agrupamento até um certo grau. Este grau é medido pelo peso de pertença. A gama de pesos de pertença é de 0 a 1. Um objeto com peso de pertença zero (0) significa que o objeto não pertence ao agrupamento e um (1) significa que o objeto pertence totalmente ao agrupamento. Aqui os clusters são tratados como conjuntos difusos. Um agrupamento completo atribui todos os elementos de dados de um conjunto de dados a um agrupamento. Não existe o conceito de outliers ou ruído. Se um elemento de dados pertence a um conjunto de dados, tem de ser atribuído a um agrupamento. No agrupamento parcial, alguns objectos de um conjunto de dados podem não ser atribuídos a um agrupamento bem definido. Os objectos que não são atribuídos a nenhum agrupamento podem representar valores anómalos ou ruído.

2.2.2 Algoritmo K-means:

O agrupamento K-means é uma técnica de agrupamento muito popular na extração de dados. Trata-se de um algoritmo de aprendizagem não supervisionado que resolve o problema da agregação. Aqui, K denota o número de clusters que o algoritmo irá dividir num determinado conjunto de dados. Neste algoritmo, K (número de clusters) tem de ser fornecido previamente. Agrupa um conjunto de dados através do cálculo do centróide dos dados. Inicialmente, são selecionados k números de centróides. Em seguida, atribuímos os pontos mais próximos de cada centróide para formar um agrupamento e calculamos novamente o centróide de cada agrupamento. Repete-se o passo anterior até que a posição do centróide não se altere. A principal desvantagem do algoritmo k-means é que, se alterarmos as posições iniciais dos centróides, o agrupamento final alterar-se-á. O algoritmo K-means é [20][21]:

Passo 1: Selecionar K pontos como centróides iniciais.

Passo 2: Repetir

Passo 3: Formar K clusters atribuindo cada ponto ao seu centróide mais próximo.

Passo 4: Recompute o centróide de cada cluster

Passo 5: Até que os centróides não se alterem

Dado que *n* elementos $\{x_1, \ldots, x_n\}$ estão associados a um conjunto de dados, estes elementos são agrupados num número k de clusters, ou seja, $C_1, \ldots C_k$. Cada agrupamento C_q tem um centróide c_q que é calculado como:

$$Cq = \frac{\sum_{xq \in Cq} Xq}{|Cq|}$$

Curva de cotovelo - A curva de cotovelo é uma ferramenta gráfica utilizada no algoritmo de agrupamento K-means para determinar o número ótimo de agrupamentos (k). O algoritmo K-means divide um conjunto de dados em clusters com base na semelhança, em que cada ponto de dados pertence ao cluster com o centróide mais próximo. No entanto, a decisão sobre o número correto de clusters é crucial para captar eficazmente a estrutura dos dados sem sobreajustar ou subajustar. O método do cotovelo ajuda a encontrar este "ponto ideal", traçando a soma das distâncias quadráticas (também conhecida por inércia) entre cada ponto de dados e o seu centróide mais próximo em função do número de clusters. Este valor de inércia diminui à medida que k aumenta, porque os clusters adicionais reduzem a distância entre os pontos e os centróides, levando a uma menor variância dentro do cluster.

O gráfico da curva em cotovelo mostra tipicamente a inércia no eixo y e o número de clusters no eixo x. À medida que o número de clusters (k) aumenta, a inércia continua a diminuir, mas a uma taxa decrescente. O ponto de "cotovelo" na curva - onde a diminuição da inércia começa a estabilizar significativamente - serve como indicador do valor ótimo de k. A adição de mais clusters para além deste ponto não reduz substancialmente a variância dentro do cluster, o que significa que o modelo está a captar ruído em vez de padrões significativos. Na prática, o ponto de cotovelo é aquele em que a adição de outro cluster não proporciona grandes melhorias em termos de redução da soma das distâncias quadradas, tornando-o uma escolha ideal para k.

A utilização do método do cotovelo é simples e frequentemente eficaz, mas não está isenta de limitações. Nalguns casos, o ponto do cotovelo pode ser ambíguo, o que dificulta a escolha de um valor claro para k, especialmente se não houver uma alteração acentuada na taxa de diminuição da inércia. Além disso, para conjuntos de dados complexos com clusters sobrepostos ou distribuídos de forma desigual, o método do cotovelo pode não refletir com precisão o número ideal de clusters. Nesses casos, pode ser combinado com outros métodos, como a pontuação da silhueta ou o índice de Davies-Bouldin, para garantir que o k selecionado é teoricamente sólido e útil na prática.

2.2.3 Máquina de vetor de suporte:

A máquina de vectores de suporte (SVM) é um modelo de aprendizagem supervisionado associado a um algoritmo de aprendizagem que analisa dados e reconhece padrões utilizados para classificação [22]. O algoritmo de treino SVM constrói um modelo sobre um conjunto de objectos de treino. Quando são introduzidos novos pontos, o modelo coloca-os numa categoria ou noutra. O SVM tenta separar dois grupos ou categorias maximizando o intervalo ou a distância entre eles.

Verifica-se frequentemente que nem todos os pontos são linearmente separáveis. Por isso, utilizamos planos diferentes para os classificar. O SVM introduziu a função kernel para estimar a proximidade entre os pontos em diferentes planos. A fronteira de decisão é definida de forma a proporcionar a melhor generalização em dados não vistos, dividindo efetivamente o espaço de caraterísticas de modo a que cada lado da fronteira represente uma das classes. A fronteira de decisão ideal situa-se a uma distância equidistante entre os pontos mais próximos de cada classe, conhecidos como vectores de apoio, e é ajustada com base nos requisitos de margem específicos do SVM.

A margem no SVM é a distância entre o limite de decisão e os pontos de dados mais próximos de cada classe, que são os vectores de apoio. O objetivo do SVM é maximizar esta margem, uma vez que uma margem maior melhora geralmente a capacidade do modelo para generalizar novos dados, reduzindo o risco de sobreajuste. Existem dois tipos de margens no SVM: a "margem dura", que assume que os dados são perfeitamente separáveis linearmente, e a "margem suave", que permite alguma classificação incorrecta ou erro, tornando-o mais robusto para dados do mundo real que podem ter ruído ou sobreposição. Ao ajustar a margem, o SVM pode gerir o compromisso entre maximizar a precisão nos dados de treino e manter uma boa generalização nos dados de teste.

Os kernels no SVM alargam as suas capacidades para tratar dados que não são linearmente separáveis. Uma função de kernel transforma o espaço de caraterísticas original num espaço de dimensão superior, onde os dados se tornam mais facilmente separáveis por um limite linear. As funções de kernel mais populares incluem o kernel linear, o kernel polinomial e o kernel de função de base radial (RBF). Por exemplo, um kernel RBF projecta os dados num espaço de dimensão infinita, permitindo à SVM encontrar um limite de decisão que capta eficazmente padrões complexos nos dados. Os núcleos tornam a SVM altamente versátil, permitindo-lhe trabalhar bem com relações não lineares, transformando os dados sem calcular explicitamente as coordenadas num espaço de dimensão elevada. Este truque do kernel aumenta a eficácia do SVM em várias aplicações, desde a classificação de imagens à categorização de textos.

A abordagem básica para agrupar um conjunto de pontos de dados em dois grupos é traçar uma linha de decisão entre os grupos. Mas no cenário da vida real, é difícil traçar uma linha reta. Em vez disso, torna-se uma curva de decisão, como se mostra no espaço de entrada da Fig. 1. A SVM transforma a curva de decisão numa linha de decisão utilizando um conjunto de funções matemáticas conhecido como função kernel.

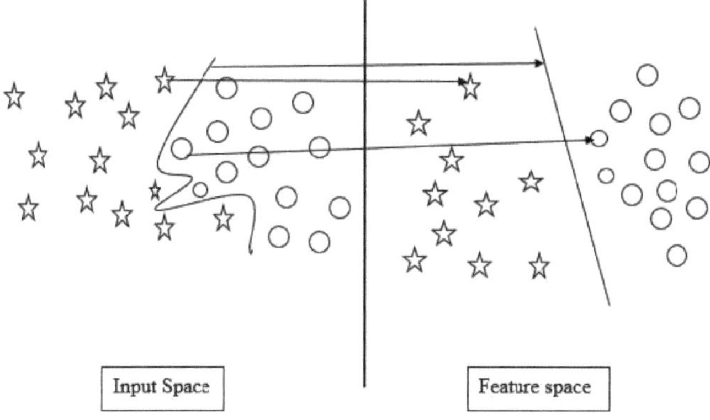

Fig. 1 Ideia básica da máquina de vectores de suporte

Dado que X são os pontos de dados de entrada e o espaço de caraterísticas dimensional i, j. A função kernel é representada como o produto escalar dos pontos de dados de entrada mapeados no espaço de caraterísticas através da transformação de φ, ou seja

$$K(X_i , X_j) = \varphi(X_i) - \boldsymbol{\varphi}(X)_j$$

2.2.4 Agrupamento hierárquico aglomerativo:

Aglomerativo significa aditivo por natureza. Este processo começa com pontos individuais representados como clusters individuais e funde-se iterativamente com os clusters mais próximos. Este agrupamento utiliza uma abordagem ascendente. Este agrupamento é representado graficamente através de uma estrutura semelhante a uma árvore, na qual se pode ver facilmente a relação entre os agrupamentos e os subagrupamentos. O algoritmo é [23]:

Passo 1: Calcular a matriz de proximidade

Passo 2: Repetir

Passo 3: Fundir os dois clusters mais próximos

Passo 4: Atualizar a matriz de proximidade para refletir a proximidade entre o novo cluster e o cluster original.

Passo 5: Até restar apenas um cluster

A matriz de proximidade pode ser calculada de três formas diferentes, ou seja, ligação simples, ligação completa e agrupamento de ligação média. No agrupamento de ligação simples, a distância entre dois agrupamentos é igual à distância mínima entre qualquer objeto de um agrupamento e outro objeto de outro agrupamento. No agrupamento de ligação completa, a distância máxima entre qualquer objeto de um agrupamento e outro objeto de outro agrupamento é utilizada na matriz de proximidade. A distância média entre qualquer objeto de um cluster e outro objeto de outro cluster é utilizada no agrupamento de ligação média.

2.2.5 Mapa auto-organizável:

SOM é um tipo de rede neural artificial que é treinada num algoritmo de aprendizagem não supervisionada para produzir uma representação de baixa dimensão do espaço de entrada. A SOM tem dois modos, ou seja, formação e mapeamento. O objetivo do SOM é fazer com que diferentes partes da rede respondam de forma semelhante a um determinado padrão de entrada [24].

O processo de agrupamento é discutido aqui [25]. Em primeiro lugar, é colocada uma grelha de nós ligados através de arestas nos pontos de dados de entrada. Cada nó funciona como um núcleo de agrupamento. É selecionado um ponto de dados de amostra e é identificado o nó mais próximo. O ponto de dados de amostra influencia a grelha (ou seja, o nó mais próximo e os nós vizinhos). A grelha é transformada de acordo com o ponto de dados. Este processo continua até que todos os pontos de dados de entrada sejam amostrados. No final do processo, cada cluster que inclui os pontos de dados é identificado pelos nós.

O nó mais próximo é designado por nó vencedor. Dado que P e Q são os pontos de dados e há um número N de pontos de dados. A distância euclidiana é $d(p, q) = \sqrt{\sum_{i=1}^{N}(p_i - q_i)^2}$ e o nó vencedor é calculado por: $\min \{ \sum_{i=1}^{N}(p_i - q_i)^2 \}$.

2.2.6 Agrupamento WARD:

O agrupamento ou método de Ward é um critério aplicado na análise hierárquica de agrupamentos. O método de Ward é basicamente aplicado no agrupamento hierárquico aglomerativo [26]. Em vez de utilizar a matriz de proximidade, Ward sugeriu que o critério para selecionar a fusão de pares de clusters em cada etapa se baseia unicamente no valor ótimo da função objetivo. A função objetivo é calculada de acordo com os requisitos das partes interessadas.

Ward sugeriu um método que é conhecido como método de variância mínima de Ward. Este método ou critério minimiza a distância intra-cluster. Em cada passo, um par mínimo de clusters é fundido com base no valor do critério. Isto aumenta a distância entre os centros dos clusters. Existem algumas condições para aplicar o critério [27]. As condições são: a distância inicial entre cada objeto deve ser proporcional à distância euclidiana ao quadrado, os dados de entrada devem ser distribuídos em distribuição multivariada e este método deve ser aplicado em valores quantitativos.

2.2.7 Maldição da dimensionalidade:

A maldição da dimensionalidade está associada ao problema causado pelo aumento exponencial do volume quando se adicionam dimensões extra no espaço matemático. No caso do agrupamento, se continuarmos a adicionar o parâmetro de caraterística, o volume do conjunto de treino aumentará exponencialmente. Este facto conduzirá a um erro de classificação ou de agrupamento. Quanto mais dimensões forem acrescentadas, mais poder de previsão se perde. Este fenómeno é designado por efeito Hughes [28].

2.3 Hadoop

2.3.1 Visão geral

Trata-se de uma estrutura de software de fonte aberta para o armazenamento e o processamento em grande escala de conjuntos de dados em clusters distribuídos de hardware de base [29]. Todos os componentes do hadoop são concebidos de forma a que as falhas de hardware sejam tratadas em software pela estrutura. Foi concebido para ser ampliado de um único servidor para muitas máquinas, cada uma oferecendo computação e armazenamento locais [30]. O Hadoop funciona com conjuntos de dados muito grandes, também designados por grandes volumes de dados.

O modelo MapReduce foi implementado no Hadoop por [31], em que os utilizadores definem as funções map e reduce e a arquitetura de tempo de execução distribui automaticamente a tarefa, toma conta das falhas das máquinas, trata da comunicação entre os diferentes nós e equilibra a carga entre os diferentes nós. O Hadoop fornece o sistema de tempo de execução MapReduce juntamente com um sistema de ficheiros distribuído que proporciona uma elevada tolerância a falhas, ou seja, durante a execução, se algum nó não responder, o sistema subjacente encarrega-se do trabalho em curso nesse nó nesse momento, atribuindo o trabalho pendente a outro(s) nó(s). Este sistema é também altamente escalável e podem ser utilizados mais nós quando necessário. O sistema de ficheiros distribuídos Hadoop replica os dados entre os nós, o que aumenta a disponibilidade dos dados. O sistema de ficheiros utiliza o protocolo TCP/IP para a comunicação.

Tradicionalmente, os dados chegam ao nó onde reside a unidade de processamento. Mas no hadoop a unidade de processamento vai para o nó onde residem os dados. Desta forma, a taxa de transferência total aumenta.

2.3.2 MapReduce

O MapReduce é um modelo de programação que processa grandes quantidades de dados em paralelo num grande conjunto de máquinas [32] [33]. O programa MapReduce consiste essencialmente em duas funções, ou seja, a função map e a função reduce. A função map recebe o valor como entrada e gera um par <chave:valor>. Quando todos os valores obtêm uma chave, este modelo de programação agrupa todos os valores de acordo com as suas chaves. Este é o trabalho do módulo combinador. A saída do módulo combinador torna-se a entrada da função de redução. A função de redução recebe uma chave e uma lista de valores como entrada. A função de redução processa a entrada e gera a saída de acordo com os requisitos, como mostra a Fig. 2.

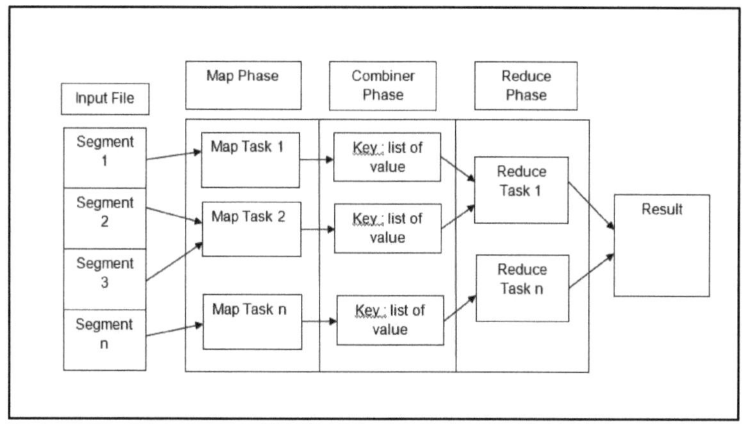

Fig. 2 Modelo de programação MapReduce

O WordCount é um exemplo bem conhecido do programa MapReduce do Hadoop. No WordCount, a função Map lê linha a linha dos ficheiros de entrada, simboliza cada palavra e atribui-lhe um valor 'um'. Aqui, cada palavra é uma chave. A função Reduzir soma o valor em relação a cada uma das chaves e produz a saída final como <chave:Soma de valores>.

2.3.3 Sistema de ficheiros distribuídos Hadoop

O sistema de ficheiros distribuídos Hadoop (HDFS) é um sistema de ficheiros distribuídos baseado em Java que proporciona escalabilidade e fiabilidade no armazenamento de dados [34] [35]. O HDFS armazena grandes ficheiros de dados em várias máquinas. Replica os dados entre os nós, o que aumenta a tolerância a falhas e a disponibilidade dos dados. Este sistema de ficheiros utiliza TCP/IP para a comunicação. Os clientes utilizam a chamada de procedimento remoto para comunicar entre si. O tamanho do bloco de dados do HDFS é de 64 MB [29]. Esta dimensão do bloco de dados reduz o tempo de entrada/saída.

2.3.4 Diferentes tipos de servidores

Existem cinco tipos de servidores disponíveis no Hadoop, nomeadamente o nó de nome, o nó de dados e o nó de nome secundário, que, em conjunto, tratam do armazenamento de dados, da recuperação e da tolerância a falhas, ao passo que o seguidor de trabalhos e o seguidor de tarefas tratam da parte computacional da redução de mapas [29][36], como mostra a Fig. 3.

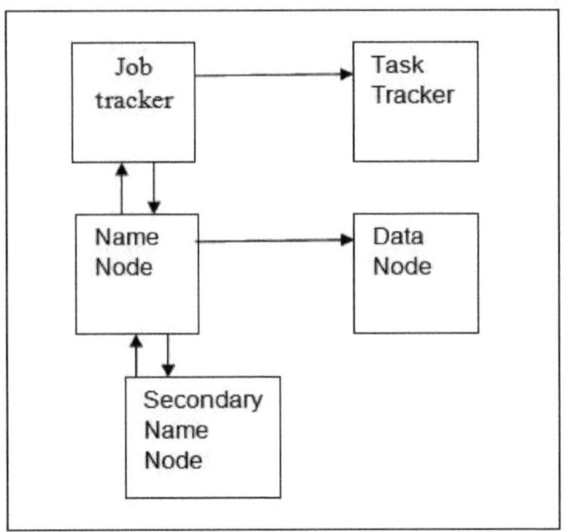

Fig. 3 Diferentes tipos de servidores no Hadoop

2.3.4.1 Nome Nó Servidor

O servidor de nó de nome é a espinha dorsal do sistema de ficheiros distribuído hadoop. Mantém o registo do local onde o ficheiro de dados reside efetivamente nos clusters. Funciona como metadados dos ficheiros. Não armazena os dados propriamente ditos, mas sim os endereços dos ficheiros de dados. Sempre que um cliente faz um pedido de acesso a um ficheiro de dados, o pedido passa pelo servidor do nó de nomes. Este armazena o índice do ficheiro. Devolve a lista dos nós de dados onde o ficheiro em causa existe efetivamente.

2.3.4.2 Servidor de nó de dados

Os servidores de nós de dados são o repositório de dados do sistema de ficheiros distribuídos hadoop. O HDFS contém muitos servidores de nós de dados. Estes ficheiros de dados são replicados entre os servidores de nós de dados para aumentar a tolerância a falhas. Sempre que uma aplicação cliente faz um pedido de acesso a um ficheiro, o cliente pode aceder diretamente ao ficheiro depois de o servidor de nós de dados fornecer a localização dos ficheiros de dados [37].

2.3.4.3 Servidor de nó de nome secundário

O servidor de nó de nome secundário funciona como uma réplica do servidor de nó de nome. Se o servidor de nós de nomes se corromper, todo o sistema de ficheiros irá abaixo com ele. Assim, o servidor de nó de nome secundário é um local a partir do qual o hadoop pode reconstruir o servidor de nó de nome. O servidor de nomes secundário pode ser alojado numa máquina separada.

2.3.4.4 Rastreador de empregos

O localizador de tarefas é um serviço que agenda as tarefas MapReduce para nós específicos que possuem os dados relevantes para a tarefa específica. As aplicações cliente submetem tarefas ao seguidor de tarefas. O seguidor de tarefas comunica com o servidor do nó de nomes para a localização dos dados e encontra um nó de seguimento de tarefas disponível. Em seguida, atribui o trabalho ao seguidor de tarefas. O Job tracker monitoriza os task trackers quanto ao estado das tarefas.

2.3.4.5 Rastreador de tarefas

O seguidor de tarefas é um nó que recebe uma tarefa (ou seja, mapear ou reduzir) do seguidor de tarefas. O número de tarefas que um seguidor de tarefas pode aceitar é limitado. O seguidor de tarefas envia um sinal de batimento cardíaco ao seguidor de tarefas para garantir que este ainda se encontra em estado de funcionamento. Quando a tarefa termina, com sucesso ou não, o seguidor de tarefas notifica o seguidor de tarefas [38].

Capítulo 3: Instalação do Hadoop

3.1. Configuração de cluster de nó único

Os pré-requisitos para instalar o hadoop são:

I. Java (incluindo jdk, jre) deve estar instalado na máquina.

II. O sistema operativo deve ser do tipo Linux (ou seja, Ubuntu, Redhat, Suse, etc.).

O guia de instalação da versão 1.0.3 do hadoop no ubuntu 14.04 LTS é descrito neste capítulo.

3.1.1. Instalação de Java

O processo de instalação do java é o seguinte [39]:

- Descarregue um .tar.gz da Oracle (jdk-8u20-linux-x64.tar.gz é utilizado aqui).
- O ficheiro descarregado é extraído para uma pasta no sistema de ficheiros.
- Mova a pasta extraída para /usr/lib/jvm. O software de tempo de execução Java está instalado neste caminho. O comando é: sudo mv 'caminho da pasta extraída'/jdk1.8.0_25 /usr/lib/jvm/oracle_jdk8
- Criar um ficheiro /etc/profile.d/oraclejdk.sh com o seguinte conteúdo :

  exportar J2SDKDIR=/usr/lib/jvm/oracle_jdk8

  exportar J2REDIR=/usr/lib/jvm/oracle_jdk8/jre

  export

  PATH=$PATH:/usr/lib/jvm/oracle_jdk8/bin:/usr/lib/jvm/oracle_jdk8/db/bin:/usr/lib/jvm/oracle_jdk8/jre/bin

  export JAVA_HOME=/usr/lib/jvm/oracle_jdk8

  export DERBY_HOME=/usr/lib/jvm/oracle_jdk8/db
- Tornar o oraclejdk.sh executável. O comando é:

  Sudo chmod +x /etc/profile.d/oraclejdk.sh
- Os caminhos acima mencionados só serão reconhecidos depois de reiniciar a máquina, pelo que o comando para os utilizar de imediato é :

  fonte /etc/profile.d/oraclejdk.sh

3.1.2. Criar utilizador e grupo:

São criados um utilizador e um grupo dedicados ao hadoop para separar a instalação do hadoop de outro software. O comando para criar um grupo e um utilizador é apresentado abaixo:

sudo add grupo<nome do grupo>

sudo add user -ingroup <nome do grupo> <nome do utilizador>

A criação de grupos e utilizadores é apresentada no anexo I. Nesta secção, utiliza-se "hduser" e "hadoop" como nome de utilizador e de grupo, respetivamente.

3.1.3. Adicionar utilizador e grupo ao ficheiro sudoers:

O procedimento é [40]:

- Iniciar sessão como root.
- Editar o ficheiro /etc/sudoer para dar privilégios sudo ao utilizador e grupo actuais. O comando é: sudo visudo
- O grupo e o utilizador recém-criados devem ser adicionados na secção de especificação dos privilégios do utilizador e permitir que os membros do grupo sudo executem qualquer secção de comando. A adição do utilizador e do grupo é apresentada no Anexo II.

3.1.4. Configuração SSH:

O procedimento de configuração do ssh é:

- Iniciar sessão como hduser.
- Executar o comando : ssh-keygen -t rsa -P ""
- Prima "Enter" quando lhe for pedido um ficheiro. Estamos a guardar a chave pública num ficheiro predefinido. O ficheiro predefinido é /home/hduser/.ssh/id_rsa.pub.

O procedimento de geração da chave SSH é apresentado no Anexo III.

- Ativar o acesso da máquina local ao SSH. O comando é :
  cat $HOME/.ssh/id_rsa.pub >> $HOME/.ssh/authorized_keys
- Teste a ligação com este comando: ssh localhost

O teste da ligação SSH é apresentado no Anexo IV.

3.1.5. Desativar IPv6

Se a máquina não estiver ligada a uma rede IPv6, basta desativar o IPv6. Para desativar o IPv6, siga os comandos abaixo:

- Abra o arquivo /etc/sysctl.conf em um editor. Usamos o editor 'nano'. O comando é : nano /etc/sysctl.conf
- Acrescentar as seguintes linhas no final do ficheiro. As linhas são :

  #desativar IPv6

  net.ipv6.conf.all.disable_ipv6 = 1

  net.ipv6.conf.default.disable_ipv6 = 1

  net.ipv6.conf.lo.disable_ipv6 = 1
- Guardar o ficheiro.
- Reinicie a máquina para que as alterações tenham efeito.
- Após a reinicialização, verificar se o IPv6 está ativado ou não. O comando é:

  cat /proc/sys/net/ipv6/conf/all/disable_ipv6

O valor de retorno do comando anterior 0 significa que o ipv6 está ativado e 1 significa que o ipv6 está desativado.

3.1.6. Instalação do Hadoop

O ficheiro de instalação do Hadoop deve ser descarregado do sítio espelho da apache. O ficheiro comprimido descarregado é colocado em /usr/local. O procedimento de instalação do Hadoop é o seguinte:

- Vá para o caminho onde se encontra o ficheiro comprimido descarregado. O caminho é /usr/local/. O comando é: cd /usr/local
- Extraia o ficheiro. No nosso caso, o nome do ficheiro é hadoop-1.0.3.tar.gz. O comando para extrair é: sudo tar xzf hadoop-1.0.3.tar.gz
- Mudar o nome do ficheiro extraído. O comando é : sudo mv hadoop-1.0.3 hadoop
- Altere a propriedade de todos os ficheiros extraídos para o hduser e o grupo hadoop. O comando é: sudo chown -R hduser:hadoophadoop

- Alterar a permissão de todos os ficheiros extraídos. O comando é:
  sudo chmod 755 /usr/local/hadoop

3.1.7. Atualizar o ficheiro .bashrc:

O ficheiro .bashrc do hduser é aberto por este comando: sudo nano $HOME/.bashrc. As seguintes linhas são anexadas ao ficheiro .bashrc:

Definir variáveis de ambiente relacionadas com o Hadoop
exportar HADOOP_HOME=/usr/local/hadoop
Definir JAVA_HOME (também configuraremos JAVA_HOME diretamente para o Hadoop mais tarde)
exportar JAVA_HOME==/usr/lib/jvm/oracle_jdk8
 # Adicionar o diretório Hadoop bin/ ao PATH
export PATH=$PATH:$HADOOP_HOME/bin

A atualização do ficheiro .bashrc é apresentada no Anexo V.

3.1.8. Configuração do hadoop

Alguns ficheiros no hadoop têm de ser configurados para executar o hadoop num cluster de nó único. Os ficheiros de configuração do hadoop podem ser encontrados neste caminho: /usr/local/hadoop/conf. Os ficheiros de configuração que precisam de ser editados são apresentados abaixo:

a. Hadoop-env.sh

Este ficheiro é aberto com o editor nano. Neste ficheiro, é especificado o caminho JAVA_HOME. O caminho é: /usr/lib/jvm/oracle_jdk8. Pela primeira vez, o ficheiro terá o seguinte aspeto

 # A implementação java a utilizar. Necessário
#export JAVA_HOME=/usr/lib/j2sdk1.5-sun

O valor correto de JAVA_HOME é colocado na linha especificada e a linha é também descomentada. O ficheiro atualizado é apresentado no anexo VI.

b. Ficheiros Xml

Nos ficheiros xml (ou seja, core-site.xml, mapred-site.xml, hdfs-site.xml) o hadoop armazena os seus ficheiros de dados, a porta de rede que escuta, o número de nós no cluster.

É especificado o diretório /app/hadoop/tmp que será utilizado como HDFS pelo hadoop. Em primeiro lugar, o diretório /app/hadoop/tmp é criado e a propriedade e as permissões são alteradas. Os comandos são:

Sudo mkdir -p /app/hadoop/tmp

Sudo chown hduser:hadoop /app/hadoop/tmp

Sudo chmod 755 /app/hadoop/tmp

A linha adicionada <configuration>...</configuration> nos respectivos ficheiros xml de core-site.xml, hdfs-site.xml, mapred-site.xml é apresentada no anexo VII, no anexo VIII e no anexo IX, respetivamente.

3.1.9. Formatação do HDFS através do nó Name

O sistema de ficheiros hadoop tem de ser formatado pela primeira vez. Se o sistema de arquivos hadoop em execução for formatado, os dados existentes no cluster serão perdidos. Este comando precisa ser executado para formatar o sistema de arquivos: *hadoop namenode -format*

O comando Hadoop pode ser encontrado no diretório /usr/local/hadoop/bin. O resultado do comando acima é apresentado no Anexo X.

3.1.10. Iniciar e parar o cluster de nó único

O comando para iniciar o nó Name, o nó Data, o job tracker e o task tracker é: /usr/local/hadoop/bin/start-all.sh

Depois de iniciar todos os processos do hadoop, é possível verificar se o processo está a ser executado ou não através do comando 'jps'. Este dá a lista dos processos atualmente em execução na máquina. Também pode ser verificado se o hadoop está a ouvir as portas configuradas (ou seja, 54310, 54311, 50070, 50030, 50010) ou não através deste comando: sudo netstat -plten | grep java

O comando para parar todos os processos hadoop é: */usr/local/hadoop/bin/stop-all.sh*

3.2. Configuração de cluster de vários nós

É necessária mais do que uma máquina para a instalação do cluster de vários nós e estas devem ser ligadas através de switch(s). Neste capítulo, são utilizadas três máquinas para configurar o cluster de vários nós. Antes de tudo, cada máquina precisa ser configurada em um cluster de nó único, conforme descrito acima. O sistema operativo e a versão do hadoop são os mesmos para cada máquina. Estes são os pré-requisitos para configurar o cluster de vários nós.

3.2.1. Ligação em rede

As três máquinas estão ligadas através de um único comutador e cada máquina pode aceder a outras máquinas através da rede. O nome e o endereço IP de cada máquina são apresentados de seguida:

Nome da máquina	Endereço IP
Hadoopnodethree	172.16.16.137
Hadoopnodefour	172.16.16.136
Hadoopnodefive	172.16.16.135

Agora o ficheiro */etc/hosts* é atualizado. Neste caso, *hadoonodethree* é a máquina mestre e *hadoopnodefour*, *hadoopnodefive* são máquinas escravas. O ficheiro acima mencionado é atualizado em todas as máquinas. O comando para atualizar o arquivo é :*nano /etc/hosts*. Em seguida, adicione as seguintes linhas:

192.16.16.68 hadoopnodethree

192.16.16.67 hadoopnodefour

192.16.16.66 hadoopnodefive

O ficheiro /etc/hosts atualizado é apresentado no Anexo XI.

3.2.2. Acesso SSH

O hduser na máquina principal (ou seja, *hduser@hadoopnodethree*) deve poder ligar-se à sua própria conta de utilizador (ou seja, *sshhadoopnodethree* e não *ssh localhost*) e também à conta hduser das máquinas secundárias (ou seja, *hduser@hadoopnodefour* e *hduser@hadoopnodefive*) através de um início de sessão ssh sem palavra-passe. A chave pública SSH de hduser@hadoopnodethree é distribuída a hduser@hadoopnodefour e hduser@hadoopnodefive. O comando para distribuir a chave pública é:

ssh-copy-id -i $HOME/.ssh/id_rsa.pub hduser@hadoopnodefour

ssh-copy-id -i $HOME/.ssh/id_rsa.pub hduser@hadoopnodefive

A distribuição da chave SSH é apresentada no anexo XII. A ligação SSH é testada de master (ou seja, hadoopnodethree) para master e de master para slave (ou seja, hadoopnodefour e hadoopnodefive). O comando é:

hduser@hadoopnodethree:~$ sshhadoopnodethree

hduser@hadoopnodethree:~$ sshhadoopnodefour

hduser@hadoopnodethree:~$ sshhadoopnodefive

O logout (ou seja, o comando de *saída*) da máquina escrava é obrigatório para cada início de sessão.

3.2.3. Configuração

Alguns ficheiros no hadoop têm de ser configurados para executar o hadoop num cluster de vários nós. Os ficheiros de configuração que precisam de ser editados são apresentados abaixo:

a) Ficheiro Conf/masters

Neste ficheiro, é configurada a máquina que irá executar o nó de nome, o nó de nome secundário e o localizador de tarefas. O nome da máquina que reside no ficheiro dos mestres passará a ser a máquina principal. Este ficheiro masters tem de ser atualizado apenas na máquina principal (ou seja, *hadoopnodethree*) e não em quaisquer outras máquinas secundárias. O ficheiro conf/masters é aberto com o editor nano e atualizado com o nome da máquina principal, ou seja, *hadoopnodethree.*

b) Ficheiro Conf/slaves

Este ficheiro contém o nome da máquina escrava. As máquinas escravas executarão o nó de dados e o rastreador de tarefas. Este ficheiro também tem de ser atualizado na máquina principal e não na máquina secundária. O ficheiro dos escravos é aberto com o editor nano e atualizado com o nome da máquina escrava. O aspeto do ficheiro atualizado é apresentado no Anexo XIII.

c) Ficheiros XML

Alguns ficheiros xml (ou seja, core-site.xml, mapred-site.xml e hdfs-site.xml) são configurados em todas as máquinas (ou seja, tanto mestre como escravos). No ficheiro core-site.xml, é especificado o anfitrião e a porta em que o nó Name será executado. Em mapred-site.xml e hdfs-site.xml, são especificados o host e a porta do rastreador de tarefas e o valor do parâmetro dfs.replication, que define quantas vezes um único arquivo deve ser replicado antes de ficar disponível, respetivamente. Neste caso, o hadoopnodethree é escolhido como máquina principal, pelo que o hadoopnodethree é especificado como anfitrião no ficheiro de configuração.

A linha actualizada de core-site.xml, hdfs-site.xml e mapred-site.xml é apresentada no Anexo XIV, no Anexo XV e no Anexo XVI, respetivamente.

3.2.4. Formatação do HDFS através do nó Name

O nó de nome é formatado antes de iniciar o cluster de vários nós. Isto tem de ser feito pela primeira vez. O comando é: *hadoop namenode -format.*

3.2.5. Iniciar cluster de vários nós

No caso de um cluster de vários nós, o cluster tem de ser iniciado em duas fases. Na primeira fase, o sistema de ficheiros distribuído (ou seja, Nó de Nome, Nó de Dados e Nó de Nome Secundário) é iniciado. O comando é: start-dfs.*sh.* Isso iniciará o nó de nome, o nó de dados e o nó de nome secundário na máquina mestre (no nosso caso, no hadoopnodethree) e somente o nó de dados nas máquinas escravas. Os processos podem ser verificados pelo comando *JPS.*

Na segunda fase, são iniciados os daemons do mapreduce, ou seja, o localizador de trabalhos apenas na máquina principal e o localizador de tarefas nas máquinas principal e secundária. O comando é: *start-mapred.sh*

3.2.6. Parar o cluster multinódo

No cluster de vários nós, o cluster tem de ser parado exatamente da forma oposta à do início do cluster. O daemon do mapreduce é parado primeiro. O comando para parar é: stop-mapred.*sh*. Em seguida, o daemon hdfs é parado. O comando é: *stop-dfs.sh.*

3.3. Executar tarefa MapReduce

Um programa MapReduce é executado no ambiente hadoop. O programa já é fornecido na pasta hadoop como ficheiro jar. O nome do ficheiro é hadoop-examples-1.0.3.jar. Trata-se de um programa de contagem de palavras, ou seja, este programa dará como resultado o número de vezes que uma palavra aparece no(s) ficheiro(s) de entrada. Há algumas etapas presentes na execução do trabalho MapReduce. Neste caso, o pré-requisito é que o cluster hadoop esteja a funcionar.

3.3.1. Copiar os ficheiros de entrada para o HDFS

Os ficheiros de entrada (ou seja, ficheiros de texto com extensão .txt) devem ser armazenados no diretório local (ou seja, /home/hduser/inputfiles). Em primeiro lugar, os ficheiros de entrada devem ser carregados no hdfs (sistema de ficheiros distribuídos hadoop). O comando para carregar ficheiros para o hdfs é:

hadoop dfs -copyFromLocal /home/hduser/inputfiles /user/hduser/inpfile

Aqui, 'hadoop dfs -copyFromLocal' é o comando e next path é o caminho de entrada do diretório local de onde os ficheiros serão carregados e next path é o caminho do hdfs onde os ficheiros serão armazenados.

O comando para verificar se os ficheiros foram carregados ou não é:

hadoop dfs -ls /home/hdsuer/inpfile

O comando acima dará a lista de ficheiros que estão armazenados no hdfs.

3.3.2. Executar trabalho MapReduce

A sintaxe para executar um trabalho é: hadoop jar <nome do ficheiro jar juntamente com o caminho><nome da classe que contém a função principal><caminho de entrada><caminho de saída>. Os arquivos serão retirados do caminho de entrada como entrada do arquivo jar, processará os arquivos e então armazenados no caminho de saída do hdfs. O diretório de saída será criado automaticamente. Neste caso, o comando tem o seguinte aspeto

hadoop jar /usr/local/hadoop/hadoop-examples-1.0.3.jar wordcount /user/hduser/inpfile /user/hduser/opfiles

O diretório de saída deve ser único em cada trabalho. Caso contrário, dará um erro. Se o nome da classe que contém o método principal estiver errado, este comando mostrará uma exceção de classe principal não encontrada.

Capítulo 4: Estudo da literatura

4.1. CBAR: um método eficiente para a extração de regras de associação

Yuh-Jiuan-Tsay et al. propuseram uma técnica de extração de regras de associação baseada em clusters [41] para gerar conjuntos de itens frequentes numa base de dados reduzida. Melhora o desempenho da extração de regras de associação. Para gerar o conjunto de itens frequentes, o algoritmo proposto cria primeiro tabelas de clusters. Os clusters são criados com base na duração das transacções, ou seja, se a duração da transação ou dos artigos comprados numa determinada transação for "i", então a transação pertencerá ao cluster i^{th}. Assim, o número máximo de clusters será a transação mais longa presente na base de dados. A tabela de clusters contém o ID da transação e o item vendido nessa transação específica. Em seguida, gera conjuntos de 1 itens candidatos. Os n-itemsets candidatos significam que todas as combinações possíveis de itemsets contêm exatamente um número n de itens. Cada conjunto de itens candidato é cruzado com a tabela de clusters equivalente para obter o suporte mínimo. Se o apoio de um determinado conjunto de itens for superior ao apoio mínimo, o conjunto de itens é incluído num conjunto de itens grande. Se o apoio de um conjunto de itens for inferior ao apoio mínimo na mesma tabela de clusters, então é verificado com o nível superior do cluster, ou seja, o conjunto de itens I_n é primeiro verificado com o cluster n^{th}, se o apoio de I_n for inferior ao apoio mínimo, então o seu apoio é verificado com o cluster $(n+1)^{th}$. Se o suporte agregado for superior ao suporte mínimo, é adicionado ao conjunto de itens frequentes. Este processo continua até o conjunto de itens frequentes ser nulo ou até se chegar ao fim da tabela de clusters. Este processo divide toda a base de dados em alguns clusters. Os clusters são mutuamente exclusivos. O I -itemset frequente é F_I, a tabela de clusters inicial é N e a tabela de clusters final é M. Quando o F_I é gerado, o I -itemset candidato correspondente (C_I) é comparado com as tabelas de clusters i^{th} e $(i+1)^{th}$ a Mth. Mas não é comparado com N^{th} para $(N - i)^{th}$ cluster. Deste modo, este algoritmo reduz a pesquisa na base de dados.

4.2. Algoritmos rápidos para a extração de regras de associação

Rakesh Agrawal et al. propuseram o algoritmo de regras de associação apriori [42] para a geração de regras de associação em artigos vendidos por supermercados. Este algoritmo é aplicado em dados transaccionais. É um algoritmo muito utilizado na extração de dados. O problema é dividido em duas fases. Na fase I, este trabalho seleciona os conjuntos de artigos que estão acima do suporte mínimo. O suporte mínimo é utilizado para eliminar os conjuntos de itens candidatos menos frequentes do conjunto de itens frequentes. Os conjuntos de itens são categorizados de acordo com o seu comprimento, ou seja, o número de itens presentes no conjunto de itens. Ip é um conjunto de itens em que p é o número de itens presentes no conjunto de itens. DB é uma base de dados que contém várias transacções de itens. Cada transação tem uma identificação única. Em primeiro lugar, são geradas todas as combinações possíveis de conjuntos de artigos de comprimento 1 (I1). Esta combinação é designada por chave candidata (C1). Os conjuntos de artigos que se situam acima do suporte mínimo definido pelo utilizador são designados por conjuntos de artigos frequentes. Na etapa seguinte, os conjuntos de 2 itens candidatos são gerados utilizando o elemento do conjunto de 1 item frequente. Os conjuntos de itens que estão acima do suporte mínimo são designados por conjuntos de 2 itens frequentes. Este processo continua até que o conjunto candidato seja nulo. Na fase II, o documento define a regra entre os conjuntos de itens frequentes. Esta determina a confiança de um item na base de dados, ou seja, a frequência com que um item é comprado com outro conjunto de itens. A principal desvantagem do algoritmo acima mencionado é o facto de percorrer sempre toda a base de dados para calcular os conjuntos de itens frequentes.

4.3. Utilização da agregação SOM-Ward e da análise preditiva para efetuar a segmentação de clientes

Zhiyuan Yao et al. debruçam-se sobre a forma de identificar e prever os clientes com despesas elevadas e quais são os atributos básicos para escolher os clientes com despesas elevadas [43]. O princípio de Pareto afirma que 20% dos clientes produzem 80% das receitas. Seria melhor se pudéssemos prever se um cliente vai ou não gerar receitas elevadas. Esta análise permite que uma empresa tenha uma melhor perceção do comportamento do cliente e que possa adotar melhores estratégias de marketing.

O(s) autor(es) propuseram um modelo de classificação híbrido. Este modelo é uma combinação do mapa auto-organizável (SOM) e do método ward. Em seguida, é efectuado um estudo comparativo entre a máquina de vectores de suporte (SVM), a rede neural artificial (ANN), a árvore de decisão e este novo modelo híbrido. O SVM, a ANN e a árvore de decisão são utilizados individualmente para a segmentação de clientes, mas o seu desempenho não é avaliado. Por isso, neste documento são efectuadas comparações entre estes três modelos.

Este documento apresenta uma visão geral sobre SOM, SOM-Ward clustering, SVM, ANN, árvore de decisão e análise preditiva. Os dados do cliente são recolhidos de uma empresa finlandesa e divididos em duas categorias. As categorias são: variáveis demográficas e variáveis comportamentais. As variáveis demográficas são a idade, o sexo, o grupo mosaico, que tem 9 segmentos baseados em condições socioeconómicas, ou seja, hábitos de compra, composição cultural, estilo de vida, etc., a classe mosaico, ou seja, 9 grupos mosaico divididos em 33 classes, a probabilidade estimada de ter filhos e o nível de rendimento estimado. As variáveis comportamentais são o nível de pontos de fidelidade, ou seja, quanto mais elevado for o valor, maior será o gasto do cliente, há quantos anos o cliente é titular do cartão, o nível de serviço e o montante das despesas.

Na fase de formação, é atribuído a cada variável um valor de prioridade ou peso, porque a importância da variável depende da consulta feita pelos utilizadores. O fator de prioridade varia entre zero (0) e um (1). Um significa a prioridade máxima. Neste caso, o montante das despesas do cliente tem a prioridade máxima, ou seja, 1,3. O valor da prioridade influencia os processos de formação.

A análise dos dados deste documento conclui que a combinação de dois métodos de classificação é eficaz na segmentação dos clientes. Verifica-se que os clientes com despesas elevadas e os clientes exclusivos têm um nível de pontos de fidelidade mais elevado ou muito elevado, um nível de serviço e um nível de rendimento estimado relativamente elevado.

4.4. Clusterização contínua em análises de aprendizagem de grandes volumes de dados

Kannan Govindarajan et al. propuseram um algoritmo de otimização por enxame de partículas para agrupar os estudantes com base no seu desempenho em termos de precisão, eficiência e qualidade [44]. Geralmente, a eficiência da aprendizagem é calculada com base em algumas perguntas. Mas depende de muitos factores como o estilo de aprendizagem, os pré-requisitos para aprender os tópicos, a interação entre pares, etc. Os grandes dados são utilizados para tratar os dados contínuos que são recolhidos durante o processo de aprendizagem. Os dados contínuos consistem na análise de vídeos, na monitorização de actividades e nas actividades das redes sociais. Esta análise de dados ajuda a identificar o crescimento das competências do aluno.

Os autores falaram de alguns algoritmos de agrupamento, como o K-means, o agrupamento de centróides e o agrupamento difuso, que têm em comum o problema da seleção aleatória dos centróides iniciais e a capacidade de lidar com a chegada contínua de dados. Assim, os autores propuseram um novo algoritmo de agrupamento baseado na aprendizagem não supervisionada, que pode lidar com a chegada contínua de dados. Os autores propuseram uma arquitetura de sistema que permite gerir todo o trabalho. A arquitetura proposta pelos autores é apresentada na Fig. 4.

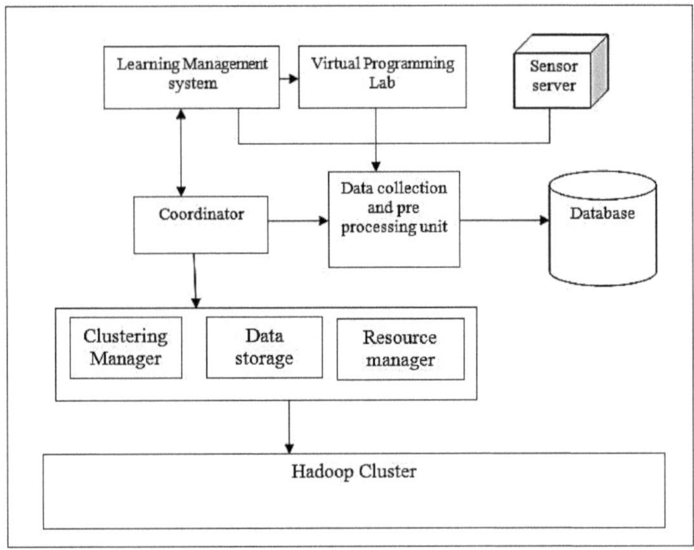

Fig. 4 Arquitetura do sistema

O servidor de sensores trata os dados contínuos que recolhem os dados relacionados com a codificação a partir do eclipse. O ponto de entrada do sistema real é o coordenador, que tem várias actividades, tais como invocar o coletor de dados para obter dados contínuos, invocar o pré-processador de dados para processar os dados recolhidos, invocar o gestor de informação de recursos para gerir os recursos de armazenamento na nuvem, invocar o gestor de otimização de enxame de partículas para agrupar os estudantes e invocar o gestor de armazenamento de dados para armazenar dados estruturados no sistema de ficheiros distribuídos hadoop.

4.5. Agrupamento de conjuntos de dados heterogéneos

Artur Abdullin et al. propuseram uma estrutura para agrupar dados heterogéneos [45]. Os dados heterogéneos são agrupados através da conversão de diferentes atributos ou domínios num único domínio. Mas há um problema na conversão de todos os atributos num único tipo de atributo. A conversão pode produzir dados errados que não produzirão resultados de agrupamento corretos.

O(s) autor(es) propôs(aram) um quadro que verifica a compatibilidade entre domínios diferentes, ou seja, se um domínio pode ser convertido num domínio diferente ou não. Esta é a etapa principal do agrupamento de dados heterogéneos. Os autores não fornecem o algoritmo para agrupar os dados ou para verificar a compatibilidade entre domínios diferentes.

4.6. Agrupamento paralelo K-Means baseado em MapReduce

Weizhong Zhao et al. propuseram um algoritmo K-means paralelo [46] que é executado no modelo de programação Map-Reduce. O Map-Reduce consiste em duas funções principais: i) função Map, ii) função Reduce. O conjunto de dados de entrada sobre o qual será feito o agrupamento é distribuído por todos os nós, onde todas as funções de mapa podem aceder a ele. Assim, a distância pode ser calculada em paralelo. O conjunto de dados de entrada também é organizado num par chave-valor. A chave é o byte do registo e o valor é uma cadeia de conteúdo do registo. A entrada das funções de mapa é: i) uma matriz que contém os centros dos agrupamentos, ii) a chave e o valor do ficheiro de entrada. A função de mapa gera um par chave-valor em que a chave é o índice da posição da matriz a que pertence a posição mais próxima do centro e o valor é a cadeia de toda a informação. Este documento introduziu uma função combinadora entre map e reduce que calcula a soma parcial dos valores atribuídos ao mesmo cluster. Isto é feito na memória local de cada nó. Assim, esta informação não é distribuída pelo canal de comunicação. Na função Reduzir, a soma parcial da saída da função de combinação é considerada como um valor de cada nó e a chave é o valor do índice da posição da matriz. A função Reduce calcula o número total de valores associados no mesmo cluster adicionando a soma parcial recolhida de cada nó. O número de registos que residem no mesmo cluster também é armazenado numa matriz, a partir da qual são calculados os novos centros para a iteração seguinte.

4.7. Agrupamento K-Means de várias vistas em grandes volumes de dados

Xiao Cai et al. propuseram o agrupamento de dados heterogéneos em grande escala utilizando o algoritmo K-means robusto de múltiplas vistas [47]. Cada vista pode ser agrupada utilizando um algoritmo de agrupamento diferente, mas o problema surge quando se tenta combinar as caraterísticas heterogéneas. Os principais problemas são a forma de integrar as caraterísticas heterogéneas dos dados no desempenho do agrupamento e a forma de reduzir o custo do algoritmo de agrupamento. O algoritmo clássico K-means foi concebido para resolver o problema da agregação de uma única vista.

Os autores distribuíram os dados por várias vistas e aplicaram o algoritmo K-means às diferentes vistas. O algoritmo controla as diferentes vistas através de dois parâmetros, ou seja, um parâmetro controla o peso da vista e o outro controla a distribuição do peso. A convergência do algoritmo é calculada quando cada vista encontra uma solução óptima local.

Capítulo 5: Descrição do problema

5.1. Motivação

A agregação de conjuntos de dados é um problema muito atual para o tratamento de grandes volumes de dados e a paralelização do processo de agregação ajuda a melhorar a eficiência. A plataforma Hadoop MapReduce proporciona um ambiente eficiente para melhorar a eficiência de qualquer problema que lide com um grande volume de dados. No entanto, o problema tem de ser manipulado de modo a caber no quadro MapReduce e podem ser utilizados diferentes nós em paralelo para melhorar a eficiência.

5.2. Âmbito dos trabalhos

No caso da aplicação do algoritmo de regras de associação existente, o desempenho degrada-se quando é aplicado em conjuntos de dados muito grandes [46]. O desempenho diminui porque toda a base de dados é analisada repetidamente para gerar chaves candidatas. Na extração de regras de associação baseadas em clusters (CBAR) [41], a base de dados é analisada apenas uma vez para gerar a tabela de clusters. A principal vantagem do agrupamento em CBAR é o facto de ser necessário um menor número de varrimentos de agrupamentos para gerar um conjunto de itens frequentes. Para gerar um conjunto de N itens frequentes, o nível N e superior de clusters é pesquisado diretamente. Não é necessária a pesquisa no nível inferior de clusters (ou seja, N-1 cluster). Isto reduz o espaço de pesquisa. No caso do agrupamento sequencial, tal como mencionado no CBAR, a complexidade temporal para agrupar um conjunto de dados é de natureza quadrática. Seja n o número de registos presentes no conjunto de dados transaccionais e m o elemento de dados presente num registo. Para um conjunto de dados de grandes dimensões, em que n ultrapassa o limiar peta, m torna-se muito reduzido em comparação com n. O tempo de processamento aumenta com n devido à sua natureza quadrática.

Lidar com petabytes de dados num cenário de computação normal não só consome tempo como também é difícil. Para lidar com um volume tão elevado de dados, a computação paralela é uma solução possível. No ambiente Hadoop, o MapReduce é uma estrutura de processamento paralelo que fornece a arquitetura para processar grandes volumes de dados em paralelo. Quando o volume de dados é muito grande, o agrupamento em CBAR torna-se muito moroso. Assim, o MapReduce fornece a tecnologia que permite tratar esta grande quantidade de dados para o agrupamento através de um processamento paralelo.

Capítulo 6: Solução proposta

6.1. Visão geral

Paralelizamos a geração da tabela de clusters e também aplicamos a regra de associação de forma paralela para aumentar o desempenho até certo ponto. Geramos a tabela de clusters analisando o conjunto de dados de entrada uma vez e, em seguida, acomodamos a consulta definida pelo utilizador ou a regra de associação várias vezes. Desta forma, não é necessário analisar toda a base de dados várias vezes, o que consome muito tempo. Podemos ir diretamente para o cluster com base na própria consulta. Não é necessário analisar todos os clusters. Para incorporar o paralelismo e manipular conjuntos de dados muito grandes, utilizamos o quadro MapReduce desenvolvido pela Hadoop.

Para incorporar o paralelismo e acomodar o problema no Hadoop MapReduce, é necessário processar o cálculo em duas fases - 1) Fase de criação do cluster, 2) Fase de saída final.

6.2. Algoritmo proposto

No algoritmo proposto, o conjunto de dados de entrada é armazenado no sistema de ficheiros distribuídos Hadoop (HDFS) [35] [48]. O conjunto de dados de entrada é um ficheiro de valores separados por vírgulas que contém uma série de registos com uma identificação única e elementos de dados separados por vírgulas. A fase de criação de clusters gera clusters, ou seja, produz ficheiros diferentes que contêm tipos semelhantes de registos gerados a partir do conjunto de dados de entrada. A fase de saída final toma como entrada a consulta definida pelo utilizador e produz resultados com a ajuda dos clusters gerados pela fase de criação de clusters. Os pormenores das duas fases propostas são apresentados em seguida.

6.2.1. Fase de geração de clusters

A fase de criação do cluster tem três funções, ou seja, a função Map, a função Reduce e a função de escrita de ficheiros de saída múltipla, como se mostra na Fig. 5.

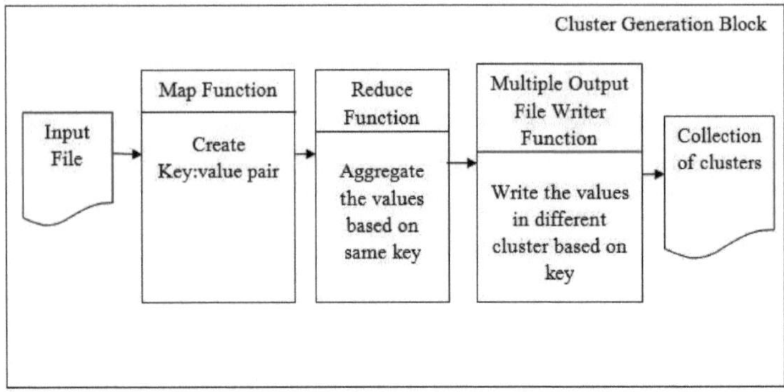

Fig. 5 Bloco de geração de clusters

Função Map: O principal objetivo da função é determinar que registo irá para que cluster. Os parâmetros de entrada da função Map são a chave e o valor. Esta função lê os registos linha a linha a partir do conjunto de entrada armazenado no HDFS. A chave e o valor de entrada da função Map são, respetivamente, o número da linha do ficheiro a ler e uma cadeia de registos do ficheiro de entrada. O ficheiro de entrada está disponível para todas as funções de mapa. Assim, a determinação do cluster pode ser executada em paralelo. É gerada uma chave a partir do valor de entrada que determina o número do agrupamento. O valor é a forma concatenada da identificação do registo e dos elementos de dados separados por vírgula. O resultado da função de mapa é o par <chave:valor> acima mencionado. O algoritmo é apresentado a seguir:

mapa (Chave,Valor)

Entrada: Número da linha do ficheiro como Key, um registo consiste no ID do registo e em elementos de dados separados por vírgulas como Value
Saída: _chave:_par de valores

1. Gerar _key a partir de Value;
2. Construir _temp como forma concatenada de id de registo e elementos de dados;
3. Atribuir _temp a _value;

4. Saída do par _chave:_valor;
5. Fim

Função de redução: Quando todos os registos são processados pela função map, a saída da função map é alimentada pela função reduce. Esta agrega os valores de acordo com uma chave comum (ou seja, o número do cluster). A função de redução produz uma lista de valores para a mesma chave. O algoritmo da função de redução é o seguinte

reduzir (_chave, _valor)

Entrada: _key é a chave gerada pela função Map, _value é o valor gerado pela função Map
Saída: Chave: _key:Lista_de_valores par

1. Enquanto (_valor != NULL) {
2. List_of_values := Agrega os valores para a mesma _chave;
3. }
4. Saída do par _key:List_of_values;
5. Fim

Função de escrita de ficheiros de saída múltipla: Esta função recebe como entrada uma lista de valores em relação a uma chave que é a saída da função de redução acima mencionada. A lista de valores é escrita em diferentes ficheiros (ou seja, em clusters) com base na chave. O algoritmo é o seguinte:

multiple_output_file_writer (_key, List_of_values)

Entradas: _key é a chave gerada pela função de redução, List_of_values é a lista de valores gerada pela função de redução
Saída: Vários ficheiros

1. Gerar um ficheiro único para _key;
2. List_of_values é escrita no ficheiro gerado acima;
3. Fim

6.2.2. Fase final de saída

A fase de saída final tem duas funções, ou seja, a função Map e a função reduce, como mostra a Fig. 6.

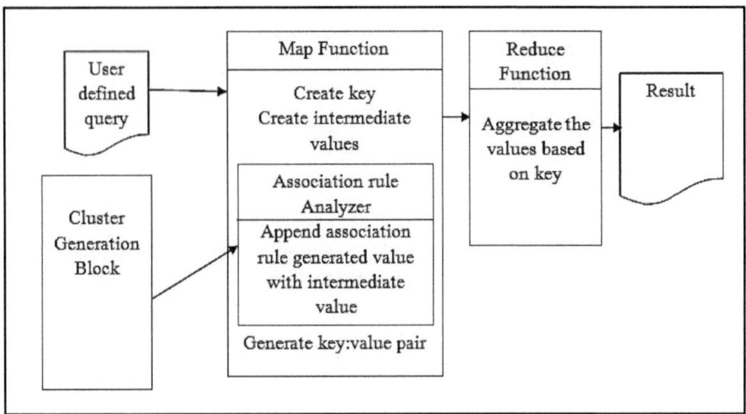

Fig. 6 Diagrama de blocos do sistema

Função Map: Esta função recebe como entrada uma consulta definida pelo utilizador, que é uma cadeia de valores. A função de mapa gera uma chave e um valor intermédio com base na consulta. Esta função de mapa contém um módulo analisador de regras de associação que gera um valor pesquisando a saída do bloco de geração de clusters (ou seja, a coleção de clusters) com base na consulta de entrada. Juntamos o valor gerado pelo analisador de regras de associação com o valor intermédio e geramos um par <chave:valor>. O objetivo desta função é incorporar a regra de associação, pesquisar os clusters e gerar tmp_value de forma paralela. O algoritmo é:

map (key,_value,colecção_de_clusters)

Entrada: key é o número da linha da consulta, a consulta definida pelo utilizador é uma cadeia de valores como _value, collection_of_clusters são os clusters gerados pelo bloco de geração de clusters
Saída: _key:_Value pair

1. Gerar _chave a partir de _valor;

2. Gerar intermediate_value a partir de _value;
3. Procurar _valor na colecção_de_aglomerados;
4. Gerar um Val_{asso} a partir do resultado da pesquisa;
5. _Value = Anexar Val_{asso} com intermediate_value;
6. Saída do par _chave:_Valor;
7. Fim

Função de redução: A saída da função map, ou seja, _key e _Value, é introduzida na função reduce. A entrada _Value é dividida para ir buscar o valor gerado pelo analisador de regras de associação (ou seja, Val_{asso}) que é agregado com base na mesma chave. O resultado desta função é o par <key:value> em que key é a consulta definida pelo utilizador e value é o valor agregado acima mencionado da mesma chave.

reduzir(_chave, _Valor)

Entrada: _key é a chave gerada pela função Map, _Value é o valor gerado pela função Map
Saída: chave: Par V

1. Inicializa uma matriz arr[];
2. Dividir _Value e armazenar em arr[];
3. Obter o valor gerado pela regra de associação (Val_{asso}) de arr[] e armazenar;
4. _tmp = Val_{asso} ;
5. V = Valor agregado de _tmp baseado na mesma _key
6. Saída do par chave:V;
7. Fim

Capítulo 7: Resultados e análise

7.1. Configuração experimental

O método de solução proposto foi implementado num cluster de 4 computadores. Cada computador tem processadores i7 quad core de 3,6 GHz e 4 GB de RAM. A versão 1.0.3 do Hadoop e a versão 1.8.0_31 do java foram utilizadas para executar a tarefa de redução de mapas.

7.2. Resultado experimental

Na Fig. 7, o número de registos e o número de computadores ou nós também aumentaram para cada conjunto de registos. Aqui, podemos ver que o tempo necessário para processar o conjunto de registos diminui com o aumento do número de nós. Isto prova a natureza paralela do algoritmo proposto. Também mostra que, quando o número de registos é elevado, um único nó demora mais tempo, mas um cluster de quatro nós demora relativamente o mesmo tempo para todos os conjuntos de registos. A complexidade do tempo para criar um cluster é de natureza quadrática, como já foi referido; detemos o crescimento da função aumentando o número de nós. medida que o número de registos aumenta, o tempo gasto pelo algoritmo é relativamente moderado. Assim, podemos dizer que o algoritmo proposto pode tratar dados de grande dimensão.

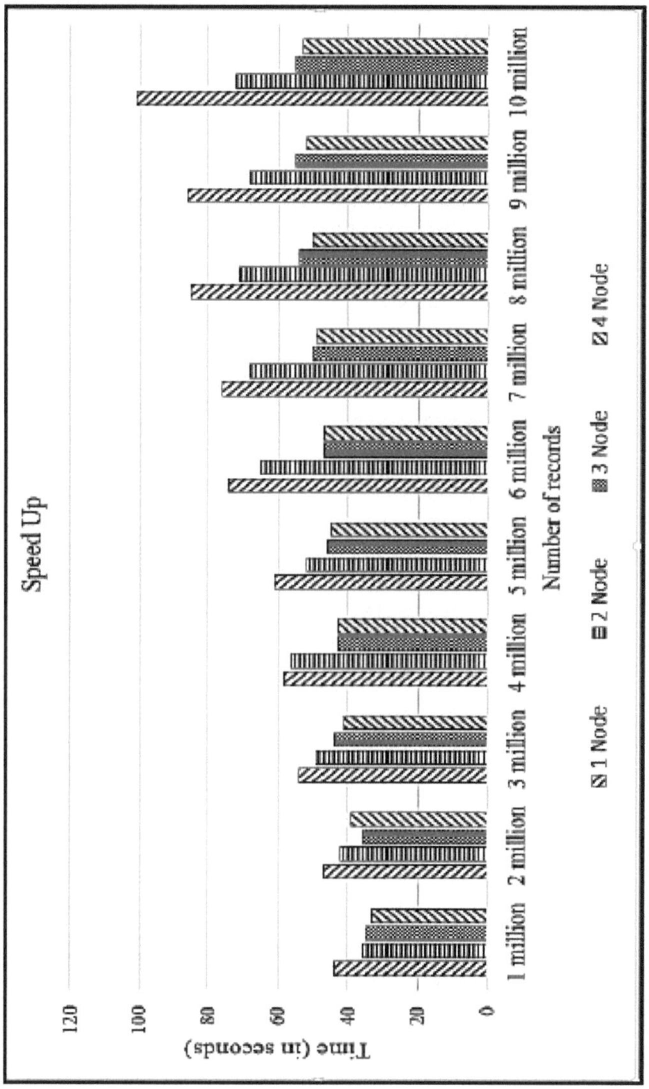

Fig. 7 Gráfico de aceleração

O crescimento do tempo de execução entre o nó único e o cluster de quatro máquinas é analisado aqui. Para 10 milhões de registos em relação a 1 milhão de registos, o crescimento do tempo de execução para um único nó é de 129%. Já o crescimento do tempo de execução para quatro nós é de 60% para a mesma condição, como mostra a Fig. 7.

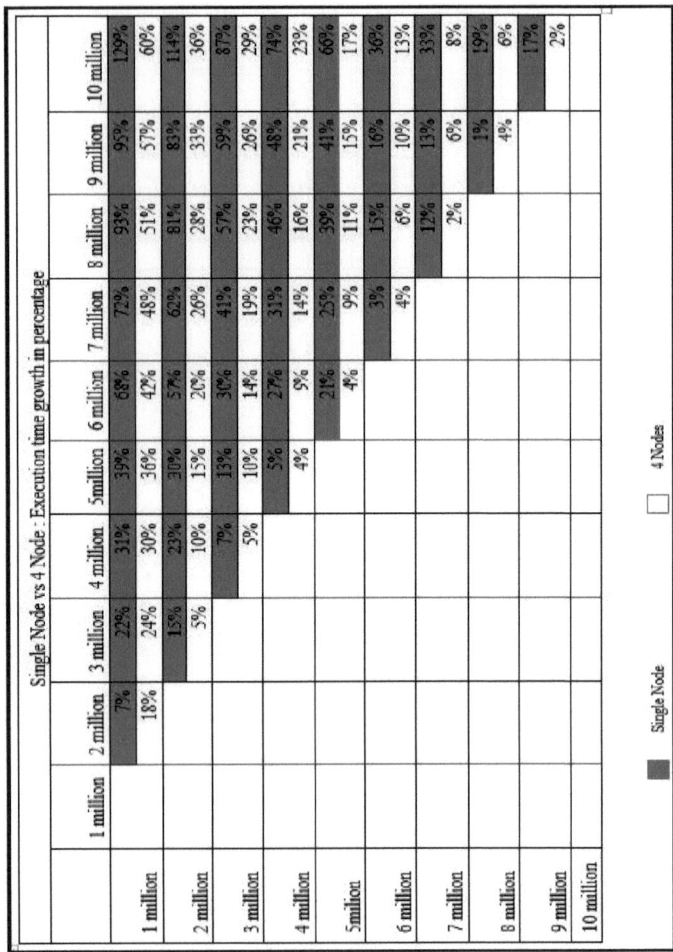

Single Node vs 4 Node : Execution time growth in percentage

		1 million	2 million	3 million	4 million	5million	6 million	7 million	8 million	9 million	10 million
1 million	Single Node		7%	22%	31%	39%	68%	72%	93%	95%	129%
	4 Nodes		18%	24%	30%	36%	42%	48%	51%	57%	60%
2 million	Single Node			15%	23%	30%	57%	62%	81%	83%	114%
	4 Nodes			5%	10%	15%	20%	26%	28%	33%	36%
3 million	Single Node				7%	13%	30%	41%	57%	59%	87%
	4 Nodes				5%	10%	14%	19%	23%	26%	29%
4 million	Single Node					5%	27%	31%	46%	48%	74%
	4 Nodes					4%	9%	14%	16%	21%	23%
5milion	Single Node						21%	25%	39%	41%	66%
	4 Nodes						4%	9%	11%	15%	17%
6 million	Single Node							3%	15%	16%	36%
	4 Nodes							4%	6%	10%	13%
7 million	Single Node								12%	13%	33%
	4 Nodes								2%	6%	8%
8 million	Single Node									1%	19%
	4 Nodes									4%	6%
9 million	Single Node										17%
	4 Nodes										2%
10 million											

Fig. 8 Comparação do crescimento do tempo de execução entre um único nó e um cluster de 4 nós

Este algoritmo também é executado num grupo de cinco e seis nós. A observação mostra que o tempo de execução para estes dois casos é relativamente igual ao do cluster de quatro nós.

Capítulo 8: Conclusão

Trabalhar com grandes volumes de dados é sempre um desafio para a comunidade de investigação. Quando a dimensão dos dados ultrapassa o limiar de peta, os dispositivos informáticos tradicionais não são capazes de os tratar. Procurar e encontrar relações entre variáveis é uma tarefa importante nos grandes volumes de dados. A agregação é uma técnica bem aceite para procurar dados específicos no conjunto de dados de entrada. O agrupamento de grandes conjuntos de dados é sempre uma questão crítica para todos os tipos de abordagens de solução. Torna-se mais difícil quando o processo de agrupamento é incorporado de forma paralela. Neste estudo, a extração de regras de associação com base em agregados é reestruturada para se adaptar ao quadro Hadoop MapReduce. A solução proposta processa os dados em paralelo e, à medida que o número de nós aumenta, regista uma diminuição significativa do crescimento do tempo de execução quando a dimensão dos dados aumenta em conformidade. Os algoritmos de agrupamento são de natureza quadrática. Neste estudo, a análise mostra que o crescimento da função pode ser travado aumentando o número de nós.

Este estudo pode ser aplicado à evolução do guião de respostas e a várias análises estatísticas relacionadas com a tecnologia educativa de uma forma mais eficiente. A solução proposta para o CBAR paralelo pode ter propriedades adaptativas. A propriedade adaptativa pode ser incorporada quando o tamanho dos dados de entrada aumenta após um determinado período de tempo.

Anexo

Anexo I: A criação de utilizadores e grupos é apresentada abaixo.

```
hadoopnodethree@hadoopnodethree: ~
hadoopnodethree@hadoopnodethree:~$ sudo addgroup hadoop
[sudo] password for hadoopnodethree:
Adding group `hadoop' (GID 1001) ...
Done.
hadoopnodethree@hadoopnodethree:~$ sudo adduser --ingroup hadoop hduser
Adding user `hduser' ...
Adding new user `hduser' (1001) with group `hadoop' ...
Creating home directory `/home/hduser' ...
Copying files from `/etc/skel' ...
Enter new UNIX password:
Retype new UNIX password:
passwd: password updated successfully
Changing the user information for hduser
Enter the new value, or press ENTER for the default
        Full Name []:
        Room Number []:
        Work Phone []:
        Home Phone []:
        Other []:
Is the information correct? [Y/n] y
hadoopnodethree@hadoopnodethree:~$
```

Anexo II: O ficheiro Sudoers é apresentado aqui.

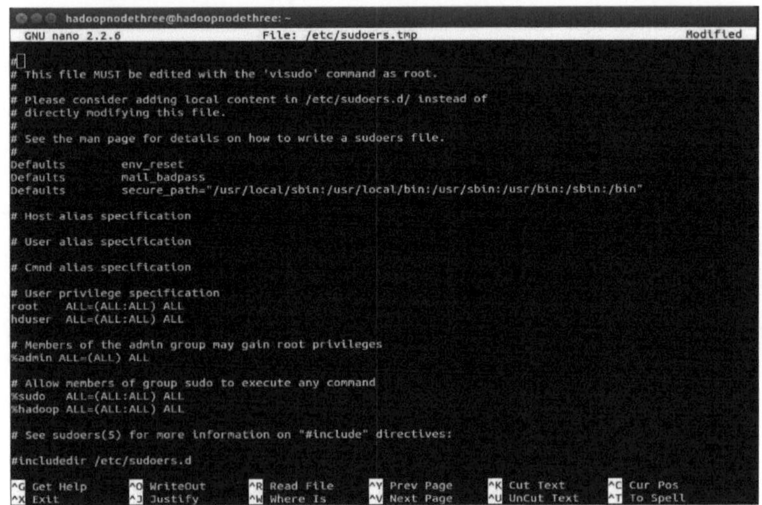

```
hadoopnodethree@hadoopnodethree: ~
  GNU nano 2.2.6              File: /etc/sudoers.tmp                    Modified

#
# This file MUST be edited with the 'visudo' command as root.
#
# Please consider adding local content in /etc/sudoers.d/ instead of
# directly modifying this file.
#
# See the man page for details on how to write a sudoers file.
#
Defaults        env_reset
Defaults        mail_badpass
Defaults        secure_path="/usr/local/sbin:/usr/local/bin:/usr/sbin:/usr/bin:/sbin:/bin"

# Host alias specification

# User alias specification

# Cmnd alias specification

# User privilege specification
root    ALL=(ALL:ALL) ALL
hduser  ALL=(ALL:ALL) ALL

# Members of the admin group may gain root privileges
%admin ALL=(ALL) ALL

# Allow members of group sudo to execute any command
%sudo   ALL=(ALL:ALL) ALL
%hadoop ALL=(ALL:ALL) ALL

# See sudoers(5) for more information on "#include" directives:

#includedir /etc/sudoers.d

^G Get Help    ^O WriteOut    ^R Read File   ^Y Prev Page   ^K Cut Text    ^C Cur Pos
^X Exit        ^J Justify     ^W Where Is    ^V Next Page   ^U UnCut Text  ^T To Spell
```

Anexo III: A geração do keygen SSH tem o seguinte aspeto.

```
hduser@hadoopnodethree: ~
hduser@hadoopnodethree:~$ ssh-keygen -t rsa -P ""
Generating public/private rsa key pair.
Enter file in which to save the key (/home/hduser/.ssh/id_rsa):
Created directory '/home/hduser/.ssh'.
Your identification has been saved in /home/hduser/.ssh/id_rsa.
Your public key has been saved in /home/hduser/.ssh/id_rsa.pub.
The key fingerprint is:
5f:d3:e4:d9:6b:28:aa:a3:fa:22:4d:64:50:ee:f8:80 hduser@hadoopnodethree
The key's randomart image is:
+--[ RSA 2048]----+
|   ..            |
|  ..             |
|   ..          . |
|. oo         + o |
|Eoo.     S   o + .|
|  o.      . . .. .|
|  o.        .. . o |
| . o    .   . . . |
|   ..+o..o.      |
+-----------------+
hduser@hadoopnodethree:~$
```

Anexo IV: O keygen gerado é guardado no ficheiro authorized_keys e o início de sessão como localhost é mostrado abaixo.

```
hduser@hadoopnodethree: ~
hduser@hadoopnodethree:~$ cat $HOME/.ssh/id_rsa.pub >> $HOME/.ssh/authorized_keys
hduser@hadoopnodethree:~$
```

```
hduser@hadoopnodethree: ~
hduser@hadoopnodethree:~$ ssh localhost
The authenticity of host 'localhost (127.0.0.1)' can't be established.
ECDSA key fingerprint is 01:45:b7:56:fc:8a:ff:47:ec:02:b8:82:0f:98:a5:72.
Are you sure you want to continue connecting (yes/no)? y
Please type 'yes' or 'no': yes
Warning: Permanently added 'localhost' (ECDSA) to the list of known hosts.
Welcome to Ubuntu 14.04.2 LTS (GNU/Linux 3.13.0-32-generic x86_64)

 * Documentation:  https://help.ubuntu.com/

The programs included with the Ubuntu system are free software;
the exact distribution terms for each program are described in the
individual files in /usr/share/doc/*/copyright.

Ubuntu comes with ABSOLUTELY NO WARRANTY, to the extent permitted by
applicable law.

hduser@hadoopnodethree:~$
```

Anexo V: O ficheiro .bashrc modificado tem o seguinte aspeto.

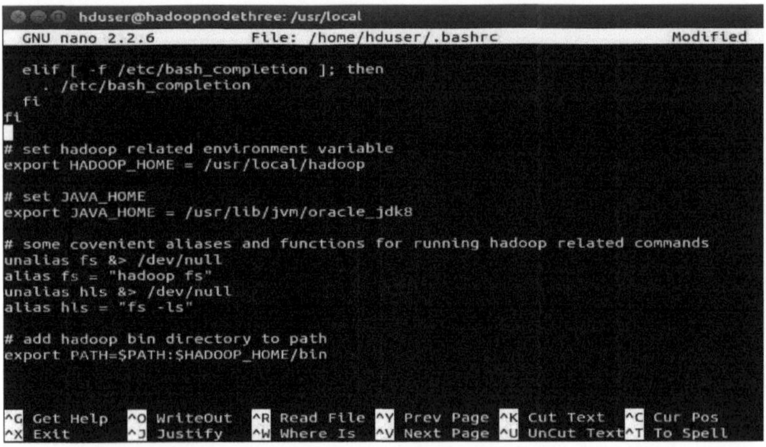

```
hduser@hadoopnodethree: /usr/local
  GNU nano 2.2.6            File: /home/hduser/.bashrc                    Modified

    elif [ -f /etc/bash_completion ]; then
      . /etc/bash_completion
    fi
fi

# set hadoop related environment variable
export HADOOP_HOME = /usr/local/hadoop

# set JAVA_HOME
export JAVA_HOME = /usr/lib/jvm/oracle_jdk8

# some covenient aliases and functions for running hadoop related commands
unalias fs &> /dev/null
alias fs = "hadoop fs"
unalias hls &> /dev/null
alias hls = "fs -ls"

# add hadoop bin directory to path
export PATH=$PATH:$HADOOP_HOME/bin

^G Get Help   ^O WriteOut   ^R Read File  ^Y Prev Page  ^K Cut Text    ^C Cur Pos
^X Exit       ^J Justify    ^W Where Is   ^V Next Page  ^U UnCut Text  ^T To Spell
```

Anexo VI: O ficheiro hadoop-env.sh modificado tem o seguinte aspeto

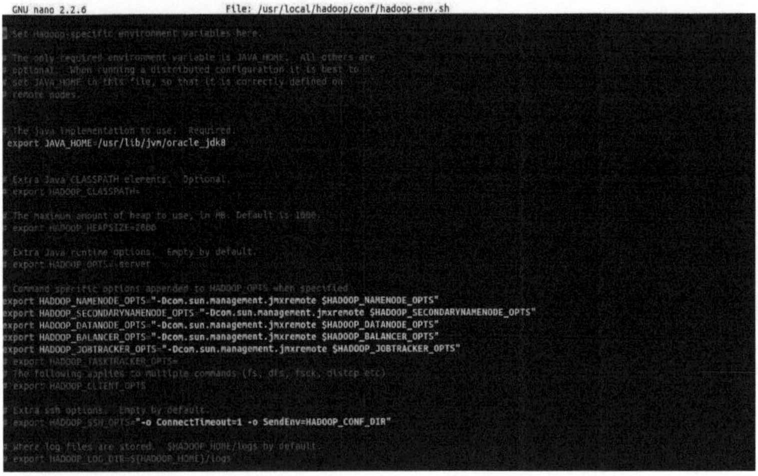

```
  GNU nano 2.2.6              File: /usr/local/hadoop/conf/hadoop-env.sh

# Set Hadoop-specific environment variables here.

# The only required environment variable is JAVA_HOME.  All others are
# optional.  When running a distributed configuration it is best to
# set JAVA_HOME in this file, so that it is correctly defined on
# remote nodes.

# The java implementation to use.  Required.
 export JAVA_HOME=/usr/lib/jvm/oracle_jdk8

# Extra Java CLASSPATH elements.  Optional.
# export HADOOP_CLASSPATH=

# The maximum amount of heap to use, in MB. Default is 1000.
# export HADOOP_HEAPSIZE=2000

# Extra Java runtime options.  Empty by default.
# export HADOOP_OPTS=-server

# Command specific options appended to HADOOP_OPTS when specified
export HADOOP_NAMENODE_OPTS="-Dcom.sun.management.jmxremote $HADOOP_NAMENODE_OPTS"
export HADOOP_SECONDARYNAMENODE_OPTS="-Dcom.sun.management.jmxremote $HADOOP_SECONDARYNAMENODE_OPTS"
export HADOOP_DATANODE_OPTS="-Dcom.sun.management.jmxremote $HADOOP_DATANODE_OPTS"
export HADOOP_BALANCER_OPTS="-Dcom.sun.management.jmxremote $HADOOP_BALANCER_OPTS"
export HADOOP_JOBTRACKER_OPTS="-Dcom.sun.management.jmxremote $HADOOP_JOBTRACKER_OPTS"
# export HADOOP_TASKTRACKER_OPTS=
# The following applies to multiple commands (fs, dfs, fsck, distcp etc)
# export HADOOP_CLIENT_OPTS

# Extra ssh options.  Empty by default.
# export HADOOP_SSH_OPTS="-o ConnectTimeout=1 -o SendEnv=HADOOP_CONF_DIR"

# Where log files are stored.  $HADOOP_HOME/logs by default.
# export HADOOP_LOG_DIR=${HADOOP_HOME}/logs
```

Anexo VII: O ficheiro core-site.xml configurado é apresentado abaixo.

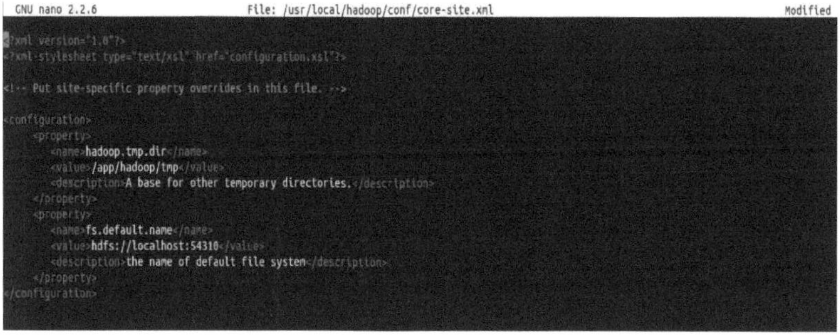

```
GNU nano 2.2.6                File: /usr/local/hadoop/conf/core-site.xml                Modified

<?xml version="1.0"?>
<?xml-stylesheet type="text/xsl" href="configuration.xsl"?>

<!-- Put site-specific property overrides in this file. -->

<configuration>
    <property>
        <name>hadoop.tmp.dir</name>
        <value>/app/hadoop/tmp</value>
        <description>A base for other temporary directories.</description>
    </property>
    <property>
        <name>fs.default.name</name>
        <value>hdfs://localhost:54310</value>
        <description>the name of default file system</description>
    </property>
</configuration>
```

Anexo VIII: O ficheiro hdfs-site.xml configurado é apresentado abaixo.

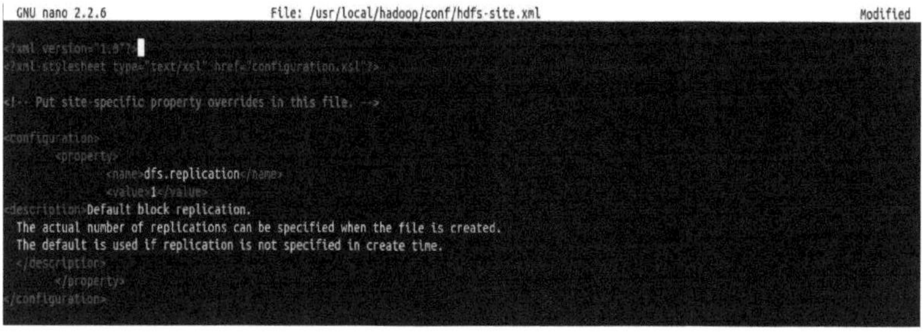

```
GNU nano 2.2.6                File: /usr/local/hadoop/conf/hdfs-site.xml                Modified

<?xml version="1.0"?>
<?xml-stylesheet type="text/xsl" href="configuration.xsl"?>

<!-- Put site-specific property overrides in this file. -->

<configuration>
        <property>
                <name>dfs.replication</name>
                <value>1</value>
<description>Default block replication.
 The actual number of replications can be specified when the file is created.
 The default is used if replication is not specified in create time.
 </description>
        </property>
</configuration>
```

Anexo IX: O mapred-site.xml configurado é apresentado de seguida.

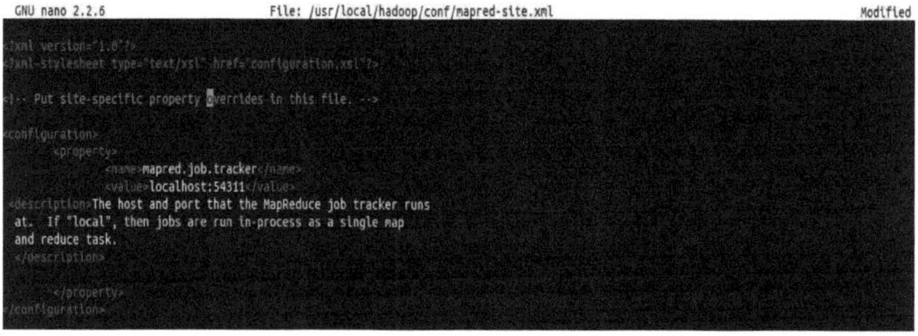

```
GNU nano 2.2.6                File: /usr/local/hadoop/conf/mapred-site.xml                Modified

<?xml version="1.0"?>
<?xml-stylesheet type="text/xsl" href="configuration.xsl"?>

<!-- Put site-specific property overrides in this file. -->

<configuration>
        <property>
                <name>mapred.job.tracker</name>
                <value>localhost:54311</value>
  <description>The host and port that the MapReduce job tracker runs
  at.  If "local", then jobs are run in-process as a single map
  and reduce task.
  </description>

        </property>
</configuration>
```

Anexo X: O procedimento do formato de nó de nome Hadoop é apresentado aqui.

```
hduser@hadoopnodethree:~$ hadoop namenode -format
Warning: $HADOOP_HOME is deprecated.

15/05/22 05:00:49 INFO namenode.NameNode: STARTUP_MSG:
/************************************************************
STARTUP_MSG: Starting NameNode
STARTUP_MSG:   host = hadoopnodethree/127.0.1.1
STARTUP_MSG:   args = [-format]
STARTUP_MSG:   version = 1.0.3
STARTUP_MSG:   build = https://svn.apache.org/repos/asf/hadoop/common/branches/branch-1.0 -r 1335192; compiled by 'hortonfo' on Tue May  8 20:31
:25 UTC 2012
************************************************************/
Re-format filesystem in /app/hadoop/tmp/dfs/name ? (Y or N) Y
15/05/22 05:00:53 INFO util.GSet: VM type       = 64-bit
15/05/22 05:00:53 INFO util.GSet: 2% max memory = 17.78 MB
15/05/22 05:00:53 INFO util.GSet: capacity      = 2^21 = 2097152 entries
15/05/22 05:00:53 INFO util.GSet: recommended=2097152, actual=2097152
15/05/22 05:00:53 INFO namenode.FSNamesystem: fsOwner=hduser
15/05/22 05:00:53 INFO namenode.FSNamesystem: supergroup=supergroup
15/05/22 05:00:53 INFO namenode.FSNamesystem: isPermissionEnabled=true
15/05/22 05:00:53 INFO namenode.FSNamesystem: dfs.block.invalidate.limit=100
15/05/22 05:00:53 INFO namenode.FSNamesystem: isAccessTokenEnabled=false accessKeyUpdateInterval=0 min(s), accessTokenLifetime=0 min(s)
15/05/22 05:00:53 INFO namenode.NameNode: Caching file names occuring more than 10 times
15/05/22 05:00:53 INFO common.Storage: Image file of size 112 saved in 0 seconds.
15/05/22 05:00:54 INFO common.Storage: Storage directory /app/hadoop/tmp/dfs/name has been successfully formatted.
15/05/22 05:00:54 INFO namenode.NameNode: SHUTDOWN_MSG:
/************************************************************
SHUTDOWN_MSG: Shutting down NameNode at hadoopnodethree/127.0.1.1
************************************************************/
hduser@hadoopnodethree:~$
```

Anexo XI: O ficheiro /etc/hosts modificado é apresentado a seguir.

```
  GNU nano 2.2.6                    File: /etc/hosts                    Modified

127.0.0.1       localhost
172.16.16.137   hadoopnodethree
172.16.16.136   hadoopnodefour
172.16.16.135   hadoopnodefive

# The following lines are desirable for IPv6 capable hosts
::1     ip6-localhost ip6-loopback
fe00::0 ip6-localnet
ff00::0 ip6-mcastprefix
ff02::1 ip6-allnodes
ff02::2 ip6-allrouters
```

Anexo XII: A passagem da chave SSH é apresentada aqui.

```
hduser@hadoopnodethree:~$ ssh-copy-id -i $HOME/.ssh/id_rsa.pub hduser@hadoopnodefour
/usr/bin/ssh-copy-id: INFO: attempting to log in with the new key(s), to filter out any that are already installed
/usr/bin/ssh-copy-id: INFO: 1 key(s) remain to be installed -- if you are prompted now it is to install the new keys
hduser@hadoopnodefour's password:

Number of key(s) added: 1

Now try logging into the machine, with:   "ssh 'hduser@hadoopnodefour'"
and check to make sure that only the key(s) you wanted were added.

hduser@hadoopnodethree:~$
```

Anexo XIII: O ficheiro slaves configurado é apresentado abaixo.

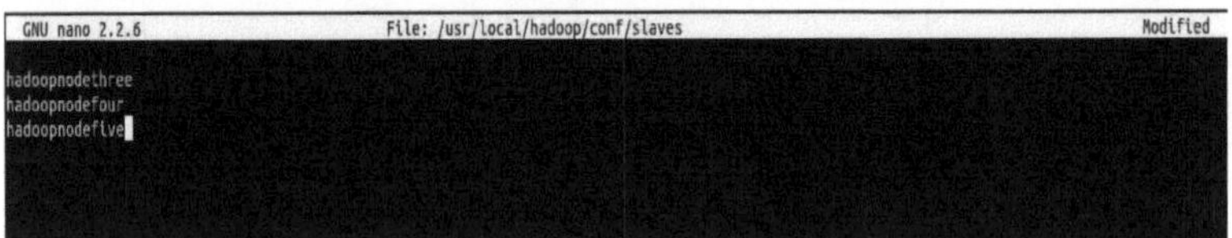

Anexo XIV: O ficheiro core-site.xml modificado é apresentado aqui.

```
GNU nano 2.2.6              File: /usr/local/hadoop/conf/core-site.xml              Modified

<?xml version="1.0"?>
<?xml-stylesheet type="text/xsl" href="configuration.xsl"?>

<!-- Put site-specific property overrides in this file. -->

<configuration>
   <property>
     <name>hadoop.tmp.dir</name>
     <value>/app/hadoop/tmp</value>
     <description>A base for other temporary directories.</description>
   </property>
   <property>
     <name>fs.default.name</name>
     <value>hdfs://hadoopnodethree:54310</value>
     <description>the name of default file system</description>
   </property>
</configuration>
```

Anexo XV: O ficheiro hdfs-site.xml é apresentado abaixo.

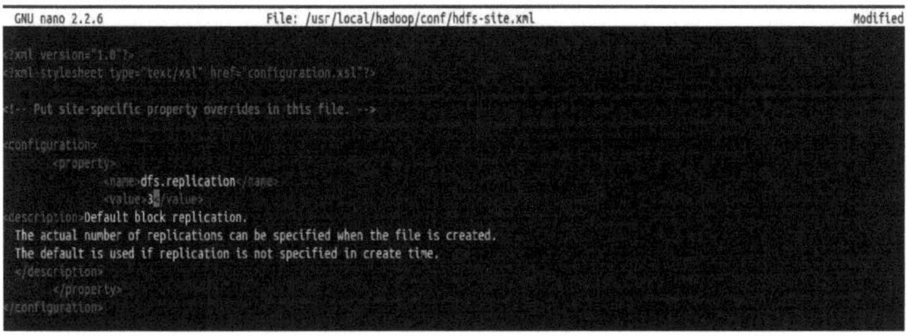

```
GNU nano 2.2.6              File: /usr/local/hadoop/conf/hdfs-site.xml              Modified

<?xml version="1.0"?>
<?xml-stylesheet type="text/xsl" href="configuration.xsl"?>

<!-- Put site-specific property overrides in this file. -->

<configuration>
     <property>
          <name>dfs.replication</name>
          <value>3</value>
<description>Default block replication.
 The actual number of replications can be specified when the file is created.
 The default is used if replication is not specified in create time.
 </description>
     </property>
</configuration>
```

Anexo XVI: O mapred-site.xml modificado é apresentado de seguida.

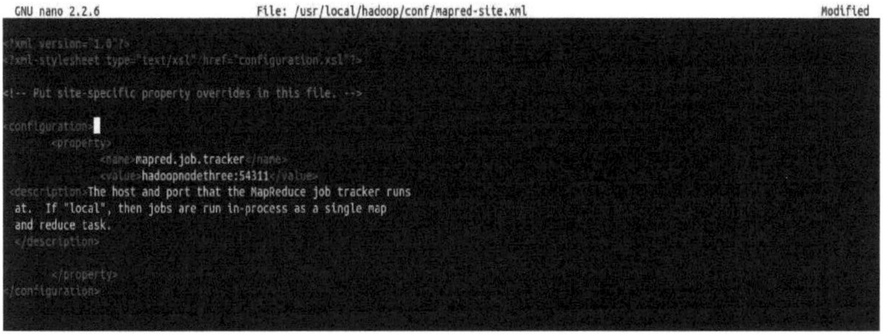

```
GNU nano 2.2.6              File: /usr/local/hadoop/conf/mapred-site.xml              Modified

<?xml version="1.0"?>
<?xml-stylesheet type="text/xsl" href="configuration.xsl"?>

<!-- Put site-specific property overrides in this file. -->

<configuration>
     <property>
          <name>mapred.job.tracker</name>
          <value>hadoopnodethree:54311</value>
 <description>The host and port that the MapReduce job tracker runs
 at.  If "local", then jobs are run in-process as a single map
 and reduce task.
 </description>

     </property>
</configuration>
```

Referências

[1] Leslie Bradshaw, "Big data and what it means", U.S. Chamber of Commerce Foundation, Universidade de Chicago, Business horizon, número 7, pp. 34-35, 2010

[2] M. R. Anderberg, Cluster Analysis for Applications, Academic Press, 2nd Edition, 1973

[3] Weizhong Zhao, Huifang Ma, Qing He, "Parallel K-Means Clustering Based on MapReduce", CloudCom, Pequim, China, Springer Berlin Heidelberg, ISBN 978-3-642-10664-4, pp. 674-679, 1-4 de dezembro de 2009.

[4] Yuh-Jiuan Tsay, Jiunn-Yann Chiang, "CBAR: an efficient method for mining association rules", Elsevier, Knowledge-Based Systems 18, pp. 99-105, 2005

[5] Thomas H. Davenport, Jeanne G. Harris, "Competing on Analytics: The New Science of Winning", Harvard Business Review Press, ISBN-13: 978-1422103326, 1st Edition, 2007

[6] http://en.wikipedia.org/wiki/Analytics, consultado em: 4 de julho de 2014

[7] Beller, Michael J., Alan Barnett, "Next Generation Business Analytics". Lightship Partners LLC, WorldCom, IEEE, pp. 30-38, 2006

[8] http://searchbusinessanalytics.techtarget.com/definition/business-analytics-BA, consultado em: 3 de fevereiro de 2015

[9] http://en.wikipedia.org/wiki/Data_mining, consultado em: 6 de fevereiro de 2015

[10] Michael J.A. , Berry Gordon, S. Linoff, "Data Mining Techniques For Marketing, Sales, and Customer Relationship Management" Wiley Publishing Inc., 3rd Edition, pp. 7, 2004

[11] http://en.wikipedia.org/wiki/Business_intelligence, consultado em: 10 de fevereiro de 2015

[12] Rud, Parr, Olivia, "Business Intelligence Success Factors: Tools for Aligning Your Business in the Global Economy", Wiley & Sons, ISBN: 978-0-470-39240-9, 2nd Edition, 2009

[13] Ralph Kimball, "The Data Warehouse Lifecycle Toolkit", Wiley Publishing Inc., ISBN: 978-0-470-14977-5, 2ª edição, 2007

[14] www.informationweek.com/software/information-management/analytics-at-work-qanda-with-tom-davenport/d/d-id/1085869, recuperado em: 17 de fevereiro de 2015

[15] https://www.youtube.com/watch?v=k7xvIrsJhDg, consultado em: 4 de julho de 2014

[16] Geisser Seymour, "Predictive Inference: An Introduction", Chapman & Hall/CRC, ISBN: 0-412-03471-9, 1st Edition, 1993

[17] David A. Dickey, "Introduction to Predictive Modeling with Examples", Statistics and Data Analysis, SAS Global Forum, pp. 337, 2012

[18] https://www.lattice-engines.com/blog/predictive-models-created-equal, recuperado em: 19 de março de 2014.

[19] Pang-Ning Tan, Michael Steinbach, Vipin Kumar, "Introduction to data mining" Addison Wesley, ISBN-13: 978-0321321367, pp. 491-493, 2006

[20] Pang-Ning Tan, Michael Steinbach, Vipin Kumar, "Introduction to data mining" Addison Wesley. ISBN-13: 978-0321321367, pp. 497, 2006

[21] J. Emmanual Robin, G. Prabu, "Comparative analysis of TOFEL IBT result rate among students using K-Means Clustering", International Journal of Soft Computing and Engineering (IJSCE), ISSN: 2231-2307, vol. 1, issue 6, janeiro de 2012

[22] Cortes C., Vapnik V., "Support-vetor networks", Machine Learning, vol. 20, número 3, Kluwer Academic Publishers-Plenum Publishers, ISSN: 0885-6125, pp. 273-297, 1995

[23] Pang-Ning Tan, Michael Steinbach, Vipin Kumar, "Introduction to data mining" Addison Wesley. ISBN-13: 978-0321321367, pp. 516, 2006

[24] Kohonen T., "The self-organizing map", Proceedings of the IEEE, vol. 78 , issue 9 , ISSN: 0018-9219, setembro de 1990

[25] Irene Kouskoumvekaki, "Clustering with Self-Organizing Maps", Centro de análise de sequências biológicas, vol. 2, pp. 3-29, setembro de 2011

[26] Joe H. Ward, Jr., "Hierarchical Grouping to Optimize an Objective Function", Journal of the American Statistical Association, vol. 58, número 301, pp. 236-244, 1963

[27] http://sites.stat.psu.edu/~ajw13/stat505/fa06/19_cluster/09_cluster_wards.html. Recuperado em: 23 de novembro de 2014

[28] T. Oommen, D. Misra, N. K. C. Twarakavi, A. Prakash, B. Sahoo, S. Bandopadhyay, "An Objective Analysis of Support Vetor Machine Based Classification for Remote Sensing", Mathematical Geosciences, Springer-Verlag, ISSN: 1874-8961, vol. 40, número 4, pp. 409-424, 2008

[29] http://en.wikipedia.org/wiki/Apache_Hadoop. recuperado em: 06 julho, 2014

[30] http://hadoop.apache.org/. recuperado em: 06 julho, 2014

[31] Andrzej Bialecki, Christophe Taton, Jim Kellerman, "Hadoop: a framework for running applications on large clusters built of commodity hardware", IEEE, vol. 5, issue 4, pp. 65-78, 2010

[32] Jeffrey Dean, Sanjay Ghemawat "MapReduce: Simplified Data Processing on Large Clusters", 6º simpósio sobre conceção e implementação de sistemas operativos, Communications of the ACM, vol. 51, issue. 1, pp. 107-113, 2008

[33] Chandan Garai, Ranjan Dasgupta, "An Improved Job Scheduling Algorithm by Utilizing Released Resources for MapReduce," Fourth International Conference of Emerging Applications of Information Technology (EAIT), Vol. 19, issue 21, pp. 9-14 December 2014

[34] http://hadoop.apache.org/docs/r1.2.1/mapred_tutorial.html, recuperado em: 07 julho, 2014

[35] http://hortonworks.com/hadoop/hdfs/, recuperado em: 07 julho, 2014

[36] http://www.michael-noll.com/tutorials/running-hadoop-on-ubuntu-linux-multi-node-cluster/, consultado em: 15 de janeiro de 2015

[37] https://wiki.apache.org/hadoop/DataNode, recuperado em: 07 julho, 2014

[38] http://wiki.apache.org/hadoop/TaskTracker, recuperado em: 07 julho, 2014

[39] http://askubuntu.com/questions/521145/how-to-install-oracle-java-on-ubuntu-14-04, data de recuperação: 25 de janeiro de 2015

[40] http://mixeduperic.com/ubuntu/how-to-setup-a-user-or-group-with-sudo-privileges-on-ubuntu.html, data de recuperação: 27 de janeiro de 2015

[41] Yuh-Jiuan Tsay, Jiunn-Yann Chiang, "CBAR: an efficient method for mining association rules", Knowledge-Based Systems, Elsevier, Vol. 18, issue 2-3, pp. 99-105, 2005

[42] Rakesh Agrawal, Ramakrishnan Srikant, "Fast algorithms for mining association rules". Proceedings of the 20th International Conference on Very Large Data Bases, VLDB, Santiago, Chile, ISBN: 1-55860-153-8, vol. 1, número 8, pp. 487-499, setembro de 1994

[43] Zhiyuan Yao, Tomas Eklund, Barbro Back, "Using SOM-Ward clustering and predictive analytics for conducting customer segmentation", IEEE International Conference on Data Mining Workshops (ICDMW), ISBN: 978-1-4244-9244-2, vol. 4, issue 9, pp. 639-646, 2010

[44] Kannan Govindarajan, Thamarai Selvi Somasundara, Vivekanandan S Kumar , Kinshuk, "Continuous Clustering in Big Data Learning Analytics", IEEE Fifth International Conference on Technology for Education (T4E), vol. 10, issue 9, pp. 61-64, 2013

[45] Artur Abdullin, Olfa Nasraoui "Clustering Heterogeneous Data sets", Eighth Latin American Web Congress (LA-WEB), ISBN: 978-1-4673-4473-9, vol. 3, issue 1, pp. 1-8, 2012

[46] Weizhong Zhao, Huifang Ma, Qing He, "Parallel K-Means Clustering Based on MapReduce", Primeira Conferência Internacional, CloudCom, Springer Berlin Heidelberg, ISBN: 978-3-642-10664-4, vol. 3, pp. 674-679, 2009

[47] Xiao Cai, Feiping Nie, Heng Huang. "Multi-View K-Means Clustering on Big Data", Actas da Vigésima Terceira Conferência Internacional Conjunta sobre Inteligência Artificial (IJCAI), ISBN: 978-1-57735-633-2, vol. 9, pp. 2598-2604, 2013

[48] Borthakur, D., "The hadoop distributed file system: Architecture and design", sítio Web do projeto Hadoop, vol. 11, número 7, pp. 21, 2007

Printed by Books on Demand GmbH, Norderstedt / Germany